"十三五"高职高专院校规划教材（烹饪类）

中华茶艺

叶 娜　王 魁　主编

郝志阔　主审

中国质量标准出版传媒有限公司
中国标准出版社
北　京

图书在版编目（CIP）数据

中华茶艺／叶娜，王魁主编．—北京：中国质量标准出版
传媒有限公司，2019.8（2021.2 重印）
ISBN 978－7－5026－4721－6

Ⅰ．①中…　Ⅱ．①叶…②王…　Ⅲ．①茶文化—中国
Ⅳ．①TS971.21

中国版本图书馆 CIP 数据核字（2019）第 126878 号

内 容 简 介

随着国家对于高等教育改革的不断深入，相关课程的改革势在必行。为了满足烹调工艺与营养专业、餐饮管理专业高等教育的需要，提升课程的科学性和适用性，我们编写了《中华茶艺》一书。

本书从基础理论、相关案例、拓展知识、思考与练习、建议浏览网站及阅读书刊等方面，对中华茶艺进行了全面和系统的介绍，主要包括中国饮茶发展、茶叶基础知识、茶叶冲泡基础知识、饮茶与健康、六大茶类的品鉴及冲泡、调饮茶、茶席设计、茶艺表演与茶会组织等内容。

本书可作为高职高专、实践性本科烹调工艺与营养、餐饮管理等专业学生用书，同时可供茶饮培训、宾馆饭店从业人员及茶艺爱好者阅读。

中国质量标准出版传媒有限公司　出版发行
中 国 标 准 出 版 社
北京市朝阳区和平里西街甲 2 号（100029）
北京市西城区三里河北街 16 号（100045）
网址：www.spc.net.cn
总编室：(010) 68533533　发行中心：(010) 51780238
读者服务部：(010) 68523946
中国标准出版社秦皇岛印刷厂印刷
各地新华书店经销

＊

开本 787×1092　1/16　印张 13　字数 278 千字
2019 年 8 月第一版　2021 年 2 月第三次印刷

＊

定价 45.00 元

丛书编委会

本 书 编 委 会

主　审　郝志阔（广东环境保护工程职业学院）

主　编　叶　娜（广州工程技术职业学院）
　　　　王　魁（广州工程技术职业学院）

副主编　郑晓洁（广东环境保护工程职业学院）
　　　　谭妙洁（江门职业技术学院）
　　　　李　捷（九江职业大学）
　　　　黄淦湖（广州市延安精神研究会茶文化工作室）
　　　　杨立锋（宁波卫生职业技术学院）

参　编　丘巴比（广州工程技术职业学院）
　　　　刘昆朋（广州工程技术职业学院）
　　　　程　禹（广州工程技术职业学院）
　　　　韩　旭（广州工程技术职业学院）
　　　　王学孔（广州工程技术职业学院）
　　　　郭　娜（广州工程技术职业学院）
　　　　孙　达（浙江经贸职业技术学院）
　　　　陈荣坤（闽西职业技术学院）
　　　　丁漫华（中国潮州工夫茶文化研究院）
　　　　张晓菊（岭南职业技术学院）
　　　　白红庆（广州中心皇冠假日酒店）
　　　　李鸿潮（广州酒家集团股份有限公司）

序　言

联合国发布的《2018 年世界经济形势与展望》报告显示，2017 年，受发达经济体、新兴市场和发展中经济体广泛复苏支撑，全球经济增长 3%，较上年大幅提速 0.8%，达到了 2011 年以来的最快增速。而中国对全球经济增长贡献最大，约占三分之一，中国经济将延续稳中向好的发展态势。在党的十九大精神指导下，餐饮业将继续发挥扩大消费需求、拉动经济增长重要驱动力的作用，全行业均实现平稳、健康、可持续发展。

餐饮业就业人员调查结果表明：从岗位人员结构看，餐厅服务及管理人员占 52.66%，厨房厨师及管理人员占 47.34%；从学历结构来看，初中及以下、高中学历分别约占总人数的 24.12% 和 71.08%，大专和本科学历分别占总人数的 4.46% 和 0.34%。相比之下，餐饮从业人员的学历比其他各行业的平均水平低 6.2%。餐饮从业人员文化素质普遍不高，给中国餐饮市场的进一步快速发展带来阻力。因此，培养高质量的烹饪专业人才，对实现烹饪高等职业教育人才培养与餐饮市场需求合理对接有着重要的现实意义。

我国烹饪技术的教育形式，从职业厨师的言传身教或以师带徒方式到进行学校教育，经过了漫长的历史过程。目前，我国开设烹饪本科教育的院校达 20 多所，开设烹饪高职教育的院校达 180 多所，涵盖了烹调工艺与营养、餐饮管理、中西面点工艺、西餐工艺、营养配餐 5 个高职专业。我们结合烹饪专业的职业特点，组织国内一些高校的教师共同编写了“十三五”高职高专院校规划教材（烹饪类）系列，为中国高职烹饪专业的发展添砖加瓦。

基于上述思考，本套教材的特点如下。

1. 符合职业教育特色

突出烹饪理论的知识性、系统性，既注重实践操作能力的训练，又体现出理论知识的深度。

2. 适应餐饮行业需求

中国餐饮企业变化迅速，餐饮管理的标准化较几年前发生了重大的变化。为了适应餐饮行业日新月异的变化，人才培养方案也需做出迅速应变。故根据市场需求，适当调整课程体系或课时安排，以期更符合市场规律。

3. 扩大编写院校

目前，烹饪高职教育专业遍布全国，我们在组织编写过程中，注重扩大教材编写队伍，参与编写的院校主要有广东环境保护工程职业学院、桂林旅游学院、天津海运职业学院、吉林农业科技学院、河北师范大学、岭南师范学院、惠州城市职业学院、重庆商务职业学院、昌吉职业技术学院、广西职业技术学院等 10 多所院校，另外还邀请了行业从业人员参与编写，增加了教材的实践性和前沿性。

4. 强调教材之间的关联性

积极处理好课程与课程之间、专业与专业之间的相互关系，避免内容的缺失和不必要的重复。

5. 编写体例的变化

理论知识以实用为主，内容选取紧紧围绕工作任务完成的需要来进行，同时又充分考虑了高等职业教育对理论知识学习的需要，并融合了相关职业资格考试对知识、技能和素质的要求。根据岗位工作过程，以"任务驱动"引导教材的编写。因此，在编写过程中采用了以教学模块和工作任务方式取代以往教材中的章节体系。

希望本套教材能为我国烹饪类专业的发展尽绵薄之力，并使其成为一个具有规范性、示范性和指导性的高职烹饪类专业教材体系。

丛书编委会

2018 年 7 月

前　言

近年来，中华优秀传统文化受外来文化的冲击，面临着严峻的挑战。学校教育是传统文化传承的重要阵地，传播和弘扬优秀传统文化已成为当今高等教育的重要使命。

中华文明延续着国家和民族的精神血脉，既需要薪火相传、代代守护，也需要与时俱进、推陈出新。传承和发展中华优秀传统文化的关键是要推进文化时代化，才能养成文化自觉，增强文化自信。茶文化是中华优秀传统文化的代表，主要特点之一在于其物质性与精神性并存。茶文化中丰富的传统文化精神有益于培育学生的优秀人格及高层次的审美趣味；行为物质层又能与学生的日常生活紧密相连，便于动手操作、组织活动。本教材作为高等职业教育烹调工艺与营养、餐饮管理专业教材，有助于学生在实践和生活细节中践行传统文化，是在大学生中进行优秀传统文化传承的有效途径。

为贯彻落实国办发〔2015〕36 号《关于深化高等学校创新创业教育改革的实施意见》，深化创新创业教育改革，培养高素质创新型人才，编者在编写本书过程中，一是重视让传统文化融入学生生活，传承和传播民族传统文化，培养学生人文素养与思想道德；二是重视培养学生综合素质和创新竞争力，提高学生职业技术与职业技能。推动高校双创教育，双创文化逐渐成为高校校园文化的重要组成部分。大力传承和弘扬中华优秀传统文化，有利于提升国家文化软实力，实现中华民族伟大复兴中国梦。

本教材有两个特点：一是按照悟道修身立德树人的要求设计教学内容。让学生拥有正确的中华文化自信观和爱国、爱家乡的人文情怀，鼓励学生为民族富强而创新，形成正确的双创价值取向，激发双创精神，规范双创道德，提升双创素质。二是结合"一带一路"战略，制定具有地域特色的教学内容。在课程内容上，围绕岭南自然资源、民族文化、民俗风情，如岭南特色茶饮（潮汕工夫茶、广式早茶、客家擂茶）等彰显地方特色以及提高学生就业核心竞争力的内容，凸显优势，向学生传递专业发展前沿趋势、最新技术情况，鼓励学生结合专业领域推广岭南茶文化，培养具有国际视野、专业知识、跨文化交际能力的国际化人才。

在确定编写思路和编写大纲过程中，得到了全国职业院校茶艺与茶文化专业骨干教师培训班班主任、茶学博士、浙江经贸职业技术学院张星海教授的大力支持。本教材由叶娜、王魁担任主编，郑晓洁、谭妙洁、李捷、黄淦湖、杨立锋担任副主编。全书由叶娜构思并编写大纲，组织完成。广东环境保护工程职业学院郝志阔担任主审。第一章"中国饮茶发展"由广州工程技术职业学院叶娜、王魁、刘昆朋共同编写；第二章"茶叶基础知识"由广东环境保护工程职业学院郑晓洁编写;第三章"茶叶冲泡基础知识"、第四章"饮茶与健康"由广州工程技术职业学院叶娜、江门职业技术学院谭妙洁、九江职业大学李捷共同编写;第五章"绿茶的品鉴及冲泡"由浙江经贸职业技术学院孙达编写;第六章"红茶的品鉴及冲泡"由广州市延安精神研究会茶文化工作室黄淦湖编写;第七章"乌龙茶的品鉴及冲泡"由宁波卫生职业技术学院杨立锋、闽西职业技术学院陈荣坤编写;第八章"黄茶、白茶、黑茶"由叶娜编写;第九章"调饮茶"由广州工程技术职业学院丘巴比、郭娜共同编写;第十章"茶席设计"由广州工程技术职业学院王学孔、程禹共同编写;第十一章"茶艺表演与茶会组织"由叶娜、王魁共同编写。参与编写的还有广州工程技术职业学院优秀毕业生丁漫华、李德洋、郑珠萍、温际翡、陈铭育等。

本书参阅了大量报纸、杂志、网络资料、相关论著等,并吸取了其中的有益成果,在此对相关作者一并表示感谢!我们恳请广大师生、茶艺工作者、社会各界人士对教材内容提出宝贵意见和建议,以帮助我们不断改进和完善。

编者邮箱:20144498@qq.com。

叶　娜

2019 年 6 月于广州

目　录

第一章 中国饮茶发展

学习目标

1. 了解茶的起源，理解并掌握茶起源于中国的相关知识和茶文化的传播。
2. 熟悉中国茶文化发展进程中各个时期的饮茶习俗。
3. 掌握岭南特色茶饮。

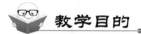

教学目的

1. 掌握茶起源的相关知识。
2. 熟练掌握宋代点茶法的流程和操作技巧。

主要内容

1. 茶文化的起源、传播。
2. 春秋时期生煮羹食、唐代煎茶、宋代点茶、明代泡茶、清代品茶。
3. 广式早茶、客家擂茶、潮州工夫茶。

案例导入

由云南茶俗探茶类起源

云南少数民族保留着古朴有趣的食茶、饮茶方式，如基诺族凉拌茶、拉祜族烤茶、布朗族和阿昌族青竹茶等。

居住在西双版纳景洪市的基诺族，至今仍用鲜嫩茶叶制作凉拌茶当菜食用，这是极为罕见的吃茶法。人们将刚采收的鲜嫩茶叶揉软搓细，放在大碗中加上清泉水，随即投入黄果叶、酸笋、酸蚂蚁、大蒜、辣椒、盐巴等配料拌匀，便成为基诺族人喜爱的"拉拨批皮"，即凉拌茶。

拉祜族烤茶，拉祜语叫"腊扎夺"，是一种古老而普遍的饮茶方法。先将小土陶罐放在火塘上烤热后，放入茶叶进行抖烤，待茶色焦黄时，即冲入开水煮。如果茶汁过浓，可加入开水，调整味至浓淡适宜。这种茶水香气足，味道浓烈，人们饮后精神

倍增。

居住在勐海县巴达乡茶树王所在地的布朗族和被称为"孔雀之乡"的德宏州阿昌族，喜欢饮用青竹茶。鲜竹的清香与茶香味融为一体，滋味十分浓烈，特别是吃了竹筒饭和烤肉后饮用，非常爽口。

这些食茶、饮茶的方式源于何时？现在广泛饮用的茶叶为散茶，方式多为冲泡法，它们又是如何演化而来的？

第一节　茶之源

茶，来自东方的神秘树叶，原产于中国云贵川地区。中华五千年的文化历史告诉我们，中国是茶树的故乡，中国人最先发现茶树并加以利用。经过数千年的荏苒时光，茶已漂洋过海进入世界各地，目前世界各地的茶都是直接或间接从中国引入的。探寻茶的源头、传播足迹、饮用方式，有利于现代人更好地认识它、了解它。西汉辞赋学家王褒在《僮约》中记载了"武阳买茶"，说明早在西汉时期，茶叶已成为商品，"烹茶尽具"说明当时开始讲究茶具和泡茶技艺。到了唐代，饮茶蔚为风尚，茶叶生产发达，茶税也成为政府的财政收入之一。茶树种植技术、制茶工艺、泡茶技艺和茶具等方面都达到前所未有的水平，并出现世界上第一部关于茶的著作——陆羽的《茶经》。饮茶之风在唐代以前传入朝鲜和日本，相继形成了"茶礼"和"茶道"，至今仍盛行不衰。17世纪前后，茶叶又传入欧洲各国，如今已成为世界三大饮料之一，这是中国劳动人民对世界文明的一大贡献。

一、茶树的发现和利用

1. 神农的传说

《神农本草经》（约成于汉朝）中记述了"神农尝百草，日遇七十二毒，得荼而解之"的传说，"荼"即"茶"，这是我国最早发现和利用茶叶的记载。唐代陆羽在《茶经》中记载，茶"发乎神农氏，闻于鲁周公"，即茶开始于神农。神农，即炎帝，说明至少在四五千年以前，人们对茶已有所了解。

相传神农有一个水晶般透明的肚子，吃下什么东西，可以通过胃肠看得清清楚楚。那时人们经常因为误食东西而生病，神农为了解除人们的疾苦，就决心利用自己特殊的肚子把看到的植物都试尝一遍，看看这些植物在肚子里的变化，以便让人们知道哪些植物无毒可以吃，哪些植物有毒不能吃。这样，他就开始试尝百草。当他尝到一种开着白色花朵的树上的绿叶时，发现这种绿叶很奇怪，一吃到肚子里，就从上到下、从下到上，到处流动洗涤，他就称这种绿叶为"查"。而后人们又把"查"说成了"茶"。神农成年累月地跋山涉水，试尝百草，每次中毒，全靠茶来解救。

《神农本草经》云："茶叶味苦寒，久服安心益气，轻身耐劳。"其还记载茶叶可以医头肿、膀胱病、受寒发热、胸部发炎，又能止渴兴奋，使心境爽适。早在春秋战国时期，茶叶作为一种药物，已为人们所了解。可见，我国有着悠久的茶文化史。

2. 茶树的原产地

一直以来，存在着关于世界茶源地是印度还是斯里兰卡的争论，直到 1979 年，有人在我国贵州省晴隆县发现一枚 100 万年前的古茶籽化石，才将人类茶叶历史向前推进了 100 万年，世界茶源地的争论也就此停下（图 1-1）。

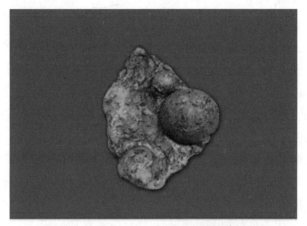

图 1-1　世界唯一的、发现于贵州的茶籽化石

我国西南地区是世界上最早发现野生茶树和现存野生大茶树最多、最集中的地方。这里的野生大茶树具有原始的特征和特性，这里同时也是最早发现茶、利用茶的地方。根据植物分类，茶科植物共 23 属，380 多种，分布在我国的就有 15 属，260 余种，其中绝大部分分布在云南、贵州和四川一带，并还在不断发现中。

早在三国时期（公元 220 年—公元 280 年），我国就有关于在西南地区发现野生大茶树的记载。1961 年，人们在云南大黑山密林（海拔 1500m）中，发现一棵高 32.12m、树围 2.9m 的野生大茶树，这棵树单株存在，树龄约 1700 年。1996 年，人们在云南镇沅县千家寨（海拔 2100m）的原始森林中，发现一株高 25.6m、底部直径 1.20m、树龄 2700 年左右的野生大茶树，是世界上最古老的茶树之一，2001 年，该树经"世界吉尼斯之最"认证为最古老的茶树。云南原始森林中直径 30cm 以上的野生茶树到处可见。据不完全统计，我国已有 10 个省区共 198 处发现野生大茶树。总之，我国是世界上最早发现野生大茶树的国家，而且树体最大、数量最多、分布最广，由此可以说明中国是茶树的原产地。

二、茶的传播

中国是茶树的原产地，也是最早发现并利用茶的国家，并把它发展成为我国和世界东方，乃至整个世界的灿烂、独特的茶文化。中国茶业最初兴于巴蜀，其后向东部、南部传播，遍及全国。唐代以前饮茶之风传至朝鲜和日本，后被西方引进。中国茶从原产地走向全国，从中国走向世界是一个历史过程，茶的传播途径有国内及国外两条线路。

1. 茶的国内传播

（1）巴蜀是中国茶业的摇篮（先秦两汉）

顾炎武曾指出："自秦人取蜀而后，始有茗饮之事。"他认为中国的饮茶是秦统一巴蜀之后慢慢传播开来的，也就是说，中国和世界的茶文化最初是在巴蜀开始的。

据文字记载和考证，巴蜀产茶至少可追溯到战国时期，此时巴蜀已形成一定规模的茶区，并以茶为贡品。西汉王褒的《僮约》中有"烹茶尽具"及"武阳买茶"两句。前一句反映成都一带，西汉时不仅饮茶成风，而且出现了专门用具；从后一句可以看出，茶叶已经商品化，出现了如"武阳"一类的茶叶市场。根据相关文献记载，成都可能是最早的茶叶集散中心。西汉时，成都是我国茶叶的一个消费中心，秦汉至西晋时，巴蜀是我国茶叶生产的重要中心。

（2）长江中游或华中地区成为茶业中心（三国西晋）

秦统一中国后，茶业随着巴蜀与各地经济文化交流而迅速发展，尤其是茶的加工、种植。首先向东部、南部传播，湖南茶陵的命名就是很好的例证。茶陵是西汉时期设的一个县，以其地出茶而闻名。茶陵邻近江西、广东边界，表明西汉时期茶的生产已经传到了湘、赣、粤毗邻地区，逐渐取代巴蜀而明显重要起来。这可从西晋时期《荆州土地记》得到佐证，其载曰"武陵七县通出茶，最好"，说明荆汉地区茶业得到显著发展，巴蜀独冠全国的优势，似已不复存在。

（3）长江下游和东南沿海茶业的发展（东晋南朝）

西晋南渡之后，北方豪门过江侨居，建康（南京）成为我国南方的政治中心。这一时期，由于上层社会崇茶之风盛行，使得南方，尤其是江东，饮茶和茶文化有了很大发展，进一步促进了我国茶业向东南推进。这一时期，我国东南植茶，由浙西进而扩展到今温州、宁波沿海一线。《桐君录》所载："西阳、武昌、晋陵皆出好茗"，晋陵即常州，其茶出宜兴，表明东晋和南朝时，长江下游宜兴一带的茶业名气渐大。三国两晋之后，茶业重心东移的趋势更加明显。

（4）长江中下游地区成为中国茶叶生产和技术中心（唐代）

六朝以前，北方饮茶者不多。至唐朝中期后，如《膳夫经手录》所载："今关西、山东、闾阎村落，皆吃之。累日不食犹得，不得一日无茶也。"中原和西北少数民族地区都嗜茶成俗，于是南方茶的生产随之蓬勃起来，尤其是与北方交通便利的江南、淮南茶区，茶的生产得到了很快发展。

唐代中叶后，长江中下游茶区，不仅茶产量大幅度提高，同时制茶技术也达到了当时的最高水平。此时，湖州紫笋茶和常州阳羡茶成为贡茶。茶叶生产和技术的中心正式转移到了长江中游和下游。

江南茶叶生产集一时之盛。据史料记载，安徽祁门周围，千里之内，各地种茶，山无遗土，业于茶者无数。现赣东北、浙西和皖南一带，在唐代时，其茶业确实有一个较大的发展。同时，由于贡茶院的设置，大大促进了江南制茶技术的提高，也带动了全国各茶区的生产和发展。

（5）茶业重心由东向南移（宋代）

五代和宋朝初年，因全国气候由暖转寒，致使中国南部的茶业较北部更快发展起来，并逐渐取代长江中下游茶区，成为宋朝茶业的中心。这主要表现在贡茶从顾渚紫笋茶改为福建建安茶，唐代还未成气候的闽南和岭南一带的茶业，明显活跃起来。

宋朝茶业重心南移的主要原因是气候的变化，江南早春茶树因气温降低，发芽推迟，不能保证茶叶在清明前进贡到京都。福建气候较暖，能保证茶叶按期生产。作为贡茶，建安茶的采制必然要求精益求精，名声愈来愈大，从而建安成了中国团茶、饼茶制作的主要技术中心，带动了闽南和岭南茶区的崛起和发展。由此可见，宋代时茶已传播到全国各地。宋朝的茶区基本上已与现代茶区范围相符，明清以后只是茶叶制法和各茶类兴衰的演变。

（6）现代四大茶区

近年来，中国茶产业飞速发展，目前中国茶叶种植面积已占全球60%（据中国农业科学院茶叶研究所姜爱芹团队研究数据）。2015年全国茶园总面积约达288万公顷；茶叶总产量超过世界的40%，2015年干毛茶产量约为227.8万吨。当下，中国的茶园面积、茶叶产量和茶叶消费总量都名列世界第一，出口量居世界第三。

我国的茶区分布，东起东经122°的台湾东岸的花莲县，西至东经94°的西藏自治区易贡，南起北纬18°的海南省榆林，北至北纬37°的山东省荣成，有浙江、湖南、湖北、安徽、四川、福建、云南、广东、广西、贵州、江西、江苏、陕西、河南、台湾、山东、西藏、甘肃、海南等20多个省（自治区）的上千个县市。在垂直分布上，茶树最高种植在海拔2600m的高山上，最低仅距海平面几十米或百米。不同地区生长着不同类型和不同品种的茶树，从而决定着茶叶的品质和茶叶的适应性、适制性，形成了各类茶种的分布。

1982年，中国农业科学院茶叶研究所根据我国生态条件、生产历史、茶树类型、品种分布、茶类结构把全国划分为四大茶区。

华南茶区：位于中国南部，包括广东、广西、福建、海南、中国台湾地区等，是中国最适宜茶树生长种植的地区。年平均气温为19℃～22℃（少数地区除外），年降水量在2000mm左右，为中国茶区之最。华南茶区资源丰富，土壤肥沃，有机物质含量很高，土壤大多为赤红壤，部分为黄壤；茶树品种资源也非常丰富，集中了乔木、小乔木和灌木等类型的茶树品种，部分地区的茶树无休眠期，全年可形成正常的芽叶，在良好的管理条件下可常年采茶，大部分地区一年可采 7~8 轮；适宜制作红茶、花茶、黑茶、乌龙茶等，六堡茶、铁观音、英德红茶、中国台湾乌龙等名茶即产于该地区。

西南茶区：位于中国西南部，包括云南、贵州、四川、西藏东南部，是中国最古老的茶区，也是中国茶树原产地的中心所在。这里地形复杂，海拔高低悬殊，大部分地区为盆地、高原；气候温差很大，大部分地区属于亚热带季风气候，冬暖夏凉；土壤类型较多，云南中北部地区多为赤红壤、山地红壤和棕壤，四川、贵州及西藏东南部地区则以黄壤为主。本茶区所产茶类型较多，主要有绿茶、红茶、黑茶、普洱茶和花茶等，都匀毛尖、蒙顶甘露等名茶即产于该地区。

江南茶区：位于长江中下游南部，是我国茶叶的主要产区，包括浙江、湖南、江西等省和安徽、江苏、湖北三省的南部等地，其茶叶年产量约占我国茶叶总产量的 2/3。这里气候四季分明，年平均气温为 15℃~18℃，年降水量约为 1600mm。茶园主要分布在丘陵地带，少数在海拔较高的山区。茶区土壤主要为红壤、部分为黄壤。茶区种植的茶树多为灌木型中叶种和小叶种，以及少部分小乔木型中叶种和大叶种，该茶区是西湖龙井、洞庭碧螺春、黄山毛峰、君山银针、安化松针、古丈毛尖、太平猴魁、安吉白茶、六安瓜片、祁门红茶、庐山云雾等名茶的原产地。

江北茶区：位于长江中下游的北部，包括河南、陕西、甘肃、山东等省和安徽、江苏、湖北三省的北部。江北茶区是我国最北的茶区，气温较低，积温少，年平均气温为 15℃~16℃，年降水量约为 800mm，且分布不均，茶树较易受旱。茶区土壤多为黄棕壤或棕壤，江北地区的茶树多为灌木型中叶种和小叶种，主要以生产绿茶为主，是信阳毛尖、午子仙毫、恩施玉露等名茶的原产地。

2. 茶的国外传播

目前世界上有 160 多个国家饮茶，50 多个国家和地区产茶，其中年生产茶叶在万吨以上的主产国有 21 个。世界各国的茶叶都是直接或间接地由中国传入。

茶对外传播的方式与媒介主要有三种：一是通过来华的僧侣，将茶叶带往周边国家和地区；二是在互派使节的过程中，茶作为随带的礼品，在国与国之间交流；三是通过贸易往来输出到国外。中国茶经由陆地、山川、海洋，借着挑夫、牛帮、马帮、驼队及舟船逐渐形成的陆上茶路和海上茶路走向全世界，使茶成为世界三大饮料之一。茶叶的对外传播可分为以下 4 条主线路：

（1）唐、宋时期由佛教禅宗传向韩国、日本的禅茶之路。

（2）清初华茶（武夷茶为主）经塞北大草原由陆路走向俄国、东欧的塞北驼道。

（3）清初及鸦片战争后华茶（武夷茶为主）由东南口岸以海路船运至欧洲、美洲的海上茶路。

（4）始于唐宋兴于明清，川茶、滇茶通过茶马古道走向西亚、南亚、东南亚。

第二节 饮茶方式的演变

人类食用茶叶的方式大体上经过吃、喝、饮、品4个阶段。"吃"是指将茶叶作为食物来生吃或熟食,"喝"是指将茶叶作为药物熬汤喝,"饮"是指将茶叶煮成茶汤作为饮料饮用,"品"是指将茶叶进行冲泡作为欣赏对象来品尝。

一、原始的鲜叶咀嚼到晒干收藏

中国人从发现野生茶树到开始利用茶,是以咀嚼茶树的鲜叶开始的。传说第一个品尝茶树的鲜叶并发现其神奇解毒功能的人是神农氏。《淮南子》中有这样的记载:"神农尝百草之滋味,水泉之甘苦,令民知所避就,当此之时,一日而遇七十二毒。"

古人最初利用茶的方式是口嚼生食,后便以火煮作羹饮,如同今天煮菜汤一样(图1-2)。到了周朝和春秋时期,古人为了长时间保存茶叶以用作祭品,慢慢学会了将茶叶晒干,随时取用的方法。这种将茶叶晒干、用水煮的饮茶法持续了很长时间。晋朝人郭璞为《尔雅》这部古代字典作注时说,茶叶"可煮作羹饮",说明晋朝人曾采用这种饮茶法。这一时期,茶以物质形式出现,并逐渐渗透至其他领域,开始叩响文化的大门。

图1-2 汉代煮茶器具

注:青黄釉耳盏·汉(公元前206年—公元220年),平面作椭圆形,两侧附月形耳,腹较浅,平底。内外均施青黄釉,釉色泛黄,底部露胎,造型古朴雅致。

二、唐代煎茶

中国的饮茶不仅能满足解渴的生理需要,而且是一门艺术,更是一种文化。具体表现在唐代的"煎茶"。煎茶这个词先前是表示制作食用茶的一道工序,即用水煮采集的嫩茶叶。

我们的祖先最先是将茶叶当作药物,从野生的大茶树上砍下枝条,采集嫩梢,先是生嚼,后是加水煮成汤饮。大约在秦汉以后,出现了一种半制半饮的煎茶法,这可以在三国魏张揖的《广雅》中找到依据：荆巴间采叶作饼，叶老者饼成，以米膏出之。欲煮茗饮，先炙令赤色，捣末置瓷器中，以汤浇覆之，用葱、姜、橘子芼之。表明此时沏茶已由原来用新鲜嫩梢煮作羹饮，发展到将饼茶先在火上灼成"赤色"，然后斫开打碎，研成细末，过箩（筛）倒入壶中，用水煎煮，之后，再加上调料煎透的饮茶法。但陆羽认为，如此煎茶，犹如"沟渠间弃水耳"。陆氏的煎茶法，与早先相比，则更讲究技法。

按陆羽《茶经》所述，唐代人们饮的主要是经蒸压而成的饼茶，在煎茶前，为了将饼茶碾碎，就得烤茶，即用高温"持以逼火"，并且经常翻动，"屡其翻正"，否则会"炎凉不均"，烤到饼茶呈"蛤蟆背"状时为适度。烤好的茶要趁热包好，以免香气散失，至饼茶冷却再研成细末。煎茶需用风炉和釜作烧水器具，以木炭和硬柴作燃料，再加鲜活山水煎煮。

煮茶时分3个阶段，一沸如鱼目微有声。这个时候就要按照水的量来调盐，需要加一点盐。二沸的时候是涌泉连珠。这个时候要舀出一瓢水放在旁边。另外用竹筴环激汤心，然后量沫而下，就是量好适当的茶沫，当汤心而下。三沸的沸腾程度叫腾波鼓浪。这个时候把刚才舀出来的一瓢水倒回去，以水止之，然后育华，就可以喝了。同时，陆羽主张饮茶要趁热连饮，因为"重浊凝其下，精英浮其上"，茶一旦冷了，"则精英随气而竭，饮啜不消亦然矣"。《茶经》中还谈到，饮茶时舀出的第一碗茶汤为最好，称为"隽永"，以后依次递减，到第四碗、第五碗以后，如果不是特别口渴，就不值得喝了。

唐人的煎茶法（图1-3）细煎品饮，将饮茶由解渴升华为艺术享受。经过一道道烦琐工序之后，人们才能获得一种轻啜慢品的享用之乐，使人忘情世事，沉醉于一种恬淡、安谧、陶然而自得的境界，得到了物质与精神的双重满足，因此，煎茶之法创自陆羽后，在整个唐代风行不衰。唐代饮茶开启了品饮艺术的先河，使饮茶成为精神生活的享受。

图1-3　唐代煎茶器具（部分）

三、宋代点茶

中国茶史上历来就有"茶兴于唐，盛于宋"的说法，宋代是中国历史上茶文化大发展的一个重要时期。宋代贡茶工艺不断发展，皇帝和上层人士的精诚投入，已取代唐代由茶人与僧人领导茶文化发展的局面。从唐代开始出现的散茶，使宋代民间茶风更为普及，而茶坊、茶肆的出现更使茶开始走向世俗，并形成了有关茶的礼仪。

如果说唐代是酒的时代，宋代则是茶的时代，那宁静淡泊的人生风范，那精雅脱俗的内向性格与茶香分外相契。于是，宋王朝的时代心理和文化精神似乎都物化为这绿色的精灵。这无以复加的炽盛茶风也陶冶出一大批名副其实的文人茶客。在帝王的宣扬倡导下，品饮茶茗在宋代文人生活中的地位也日益重要，并大大助长了风雅茶事的流行，使宋人的饮茶风俗更为丰富多彩。斗茶、品茗、论器、试水之习气与当时鸿儒硕学谈性论道之风尚相为表里，形成了独具一格的宋仕风范。

宋代福建北苑茶的兴起引发了"斗茶"技艺的形成。"斗茶"古时又称"茗战""点茶""点试""斗试""斗碾"，采用一种当时创作的点茶技法，既比试茶质的优劣，又比试点茶技艺的高低，而点茶技艺比唐代煮茶技艺又有了很大的提高。斗茶过程一般为：列具、炙茶、碾茶、罗茶、汤瓶煮水至二沸、盏、置茶、调膏、冲点击拂、观赏汤花、闻香、尝味等。其中列具、炙茶、碾茶、罗茶与唐代煮茶法一样，煮水则改用细小如茶壶的汤瓶，盏为用沸水将茶盏预热，调膏为冲入少许沸水调成膏状，冲点击拂是一边冲沸水，一边用茶筅击出汤花。所击出的汤花又称"饽沫"，要求"色白、行美、久而不散"。斗茶技法要求一赏汤花，二闻茶香，三尝滋味。苏轼有诗云："蟹眼已过鱼眼生，飕飕欲作松风鸣。蒙茸出磨细珠落，眩转绕瓯飞雪轻。"

斗茶既为斗，就一定要决出胜负。决定胜负的因素有二：一是汤色，二是汤花，最后综合评定味、香、色。汤色指茶汤的颜色，当时的标准是以纯白如乳为上，其他色泽则等而下之。汤色是制茶技艺的反映，如果色纯白，表明茶质鲜嫩，制作精良；如果色偏青，则表明蒸时火候不足；色泛灰则蒸时过了火候；色泛黄则茶叶采制不及时；色泛红则烘焙时火候太过。民间一般将汤色纯白如乳的叫冷面粥，因为这种汤色的茶汤会像白米粥一样冷却后稍有凝结，所以茶面通常又叫粥面。汤花是指汤面泛起的泡沫。汤花的色泽和汤色的要求是一致的。汤花泛起后，如果茶末研碾细腻，点汤、搅动都恰到好处，汤花匀细，就可紧咬盏沿，而且久聚不散，这种效果叫作咬盏。汤花散退较快的叫云脚涣散。汤花散退后，茶盏内沿与汤相接的地方就会露出水痕，宋人称之为水脚。汤花散退较早、先出现水痕的为负。最后斗茶者还要品评茶汤，茶汤要做到味、香、色三者俱佳，才能算是最后获胜。不过，斗茶决胜负不限一次，如果共斗三次，则以两胜为最后胜利。

斗茶所用的茶盏以建安产的兔毫盏（图1-4）为佳。建安建窑以出产黑釉瓷闻名，黑釉瓷釉色黑如漆，莹润闪光，条纹细密如丝。因其结晶所显斑点、纹理各异，故分为兔毫釉、油滴釉、曜变釉、鹧鸪斑釉、鳝皮釉等品种。兔毫盏为其中珍品，因纹理细密，状如兔毫得名。它大口小底，形似漏斗，造型凝重，古朴厚实。因其黑，而衬出茶汤之色白，且可清楚看出咬盏及水痕的情况，预热之，则热难冷，易使茶香散发，所以斗茶者青睐兔毫盏。

图1-4　兔毫盏

宋代斗茶之风普及民间，不仅帝王将相、达官显贵、骚人墨客，连市井细民、浮浪哥儿也喜斗茶。宋徽宗赵佶经常在宫中召集群臣斗茶，直至将他们全部斗倒为止。

除了斗茶，分茶也很盛行。分茶又称茶百戏，始于宋初，帝王与庶民都玩。玩时将茶末放入茶盏，注入沸水，用茶筅击拂茶汤，使茶乳变幻成图形或字迹。茶汤在泛出汤花时，汤花在转瞬间就消失殆尽，要使汤花在这极短的时间内显现出奇幻莫测的物象，需要高超的技艺。还有一种方法更是技高一筹，此法只需单手提壶，将沸水由上而下注入放好茶末的茶盏之中，茶面立即显现出奇丽的图形或文字。分茶法今已失传，我们只能从古代文献记载当中去感受这种高超的技趣。宋人描写分茶的文学作品以杨万里的《澹庵坐上观显上人分茶》为代表。该诗写于孝宗隆兴一年（公元1163年），作者在临安胡铨（澹庵）官邸亲眼观看显上人分茶表演，被这位僧人的技艺深深折服，诗道："分茶何似煎茶好，煎茶不似分茶巧。蒸水老禅弄泉手，隆兴元春新玉爪。二者相遭兔瓯面，怪怪奇奇真善幻。纷如擘絮行太空，影落寒江能万变。银瓶首下仍尻高，注汤作字势嫖姚……"经过显上人魔术般的调弄，兔毫盏中的茶汤幻化出了各种物象，时而像乱云飞渡，时而像寒江照影，那游动的线条又像龙飞凤舞的铁画银钩和书法杰作，为欣赏者开拓出了一片想象的空间（图1-5）。

图1-5　仿宋茶艺（苏轼如茶）

四、明代泡茶

明洪武二十四年（公元 1391 年）九月，明太祖朱元璋下诏废团茶，改贡叶茶（散茶）。其时人于此评价甚高，明代沈德符撰《野获编补遗》载："上以重劳民力，罢造龙团，惟采芽茶以进……按茶加香物，捣为细饼，已失真味……今人惟取初萌之精者，汲泉置鼎，瀹便啜，遂开千古茗饮之宗。"

两宋时的斗茶之风消失了，饼茶被散形叶茶所代替。碾末而饮的唐煮宋点饮法变成了以沸水冲泡叶茶的瀹饮法，品饮艺术发生了划时代的变化。明人认为，这种品饮法"简便异常，天趣悉备，可谓尽茶之真味矣"。

这种瀹饮法是在唐宋民间的散茶饮用方法的基础上发展起来的。早在南宋及元代，民间"重散略饼"的倾向已十分明显，朱元璋"废团改散"的政策恰好顺应了饼茶制造及其饮法日趋衰落，而散茶加工及其品饮风尚日盛的历史潮流，并将这种风尚推广于宫廷生活之中，进而使之遍及朝野。

散茶被诏定为贡茶，无疑对当时散茶生产的发展起了很大的推动作用。从此，散茶加工的工艺更为精细，外形与内质都有了改善与提高，各种品类的茶和各种加工方法都开始形成。散茶的许多"名品"也在此时形成雏形。

茶叶生产的发展和加工及品饮方式的简化，使得散茶品饮这种"简便异常"的生活艺术更容易、更广泛地深入到社会生活的各个层面，植根于民间，从而使得茶之品饮艺术从唐宋时期宫廷、文士的雅尚与清玩转变为整个社会文化生活的重要方面。从这个意义上来讲，正因为有了散茶的兴起，并逐渐与社会生活、民俗风尚及人生礼仪等结合起来，才为中华茶文化开辟了一个崭新的天地，同时也提供了相应的条件，使得传统的"文士茶"对品茗境界的追求达到了一个新的高度。

明初社会不够安定，使得许多文人胸怀大志而无法施展，不得不寄情于山水或移情于琴棋书画，而茶正可融合于其中，因此，许多明初茶人都是饱学之士。这种情况使得明代茶著极多，总计有 50 多部，其中不乏传世佳作。

朱权（公元 1378 年—公元 1448 年）为明太祖朱元璋第十七子，神姿秀朗，慧心敏悟，精于义学，旁通释老，年十四封宁王，后为其兄燕王朱棣所猜疑，朱棣夺得政权后，将朱权改封南昌。从此，朱权隐居南方，深自韬晦，托志释老，以茶明志，鼓琴读书，不问世事。用他在《茶谱》中的话来说，就是"予尝举白眼而望青天，汲清泉而烹活火。自谓与天语以扩心志之大，符水火以副内炼之功。得非游心于茶灶，又将有裨于修养之道矣"。表明他饮茶并非只浅尝于茶本身，而是将其作为一种表达志向和修身养性的方式。

朱权对废除团茶后新的品饮方式进行了探索，改革了传统的品饮方法和茶具，提倡从简行事，开清饮风气之先，为后世出现一整套简便新颖的烹饮法打下了坚实的基础。

朱权认为团茶"杂以诸香，饰以金彩，不无夺其真味。然天地生物，各遂其性，莫若叶茶，烹而啜之，以遂其自然之性也"。他主张保持茶叶的本色、真味，顺其自然之性。朱权构想了一些行茶的仪式，如设案焚香，既净化空气，也净化精神，寄寓通灵天地之意。他还创造了从来没有的"茶灶"，此乃受炼丹神鼎之启发。茶灶以藤包扎，后盛颐改用竹包扎，明人称为"苦节君"，寓逆境守节之意。朱权的品饮艺术，后经盛颐、顾元庆等人的多次改进，形成了一套简便新颖的茶烹饮方式，对后世影响深远。自此，茶的饮法逐渐变成如今直接用沸水冲泡的形式。

与前代茶人相比，明代后期的"文士茶"也颇具特色，其中尤以"吴中四才子"最为典型。所谓"吴中四才子"指的是文征明、唐寅、祝允明和徐祯卿四人。这都是一些怀才不遇的大文人，琴棋书画无所不精，又都嗜茶，因此他们能够开创明代"文士茶"的新局面。

从宁王朱权到"吴中四才子"，茶引导了明代无数失意政客、落魄文人走向隐逸的道路，是他们生活沙漠中偶逢一憩的绿洲，也是他们精神上的桃源乐土。

到了明代后期，文士们对品饮之境的追求又有了新的突破，讲究"至精至美"之境。在他们看来，事物至精至美的极致之境就是"道"，"道"就存在于事物之中。张源首先在其《茶录》一书中提出了自己的"茶道"之说："造时精，藏时燥，泡时洁。精、燥、洁，茶道尽矣。"他认为茶中有"内蕴之神"即"元神"，发抒于外者叫作"元体"，两者互依互存，互为表里，不可分割。

五、清代品茶

到了清代，茶就进入市井百姓家。清代查为仁《莲坡诗话》中有一首诗：

> 书画琴棋诗酒花，
> 当年件件不离它。
> 而今七事都更变，
> 柴米油盐酱醋茶。

这就是清代时茶最生动的写照了。清代时期，康熙、乾隆皆好饮茶，乾隆首创了新华宫茶宴，于每年元旦的后三天举行。据记载，在新华宫举行的茶宴达60次之多，这种情况使得清代上层阶级品茶风气尤盛，进而也影响到民间。

清朝伊始废弃了一些禁令，允许自由种植茶叶，设捐统收。这样茶迅速地深入市井，走向民间。茶馆文化、茶俗文化取代了前代以文人领导茶文化发展的地位。"柴米油盐酱醋茶"，茶已经成了百姓生活的必需品。此时已出现蒸青、炒青、烘青等各茶类，茶的饮用方法也已改成"撮泡法"。

第三节 岭南特色茶饮

一、广式早茶

广州地处中国南部、广东省中南部、珠江三角洲北缘，濒临南海，邻近我国香港、澳门地区，是中国通往世界的南大门，地理位置得天独厚，物产资源丰富，人文荟萃，饮食文化独具一格。早茶成为一种独具特色的"食在广州"的茶俗文化。早茶的形式实际上与"食"密切相关，典型特点是"茶中有饭、饭中有茶、餐饮结合"。

清代同治、光绪年间的"二厘馆"遍布广州，所谓"二厘"，即每位茶价二厘，言其价廉。"二厘馆"提供"一盅两件"，即一盅茶、两件点心，最初的功能是休闲和餐饮，为客人提供歇脚叙谈、吃点心的地方，一般用石湾粗制的绿釉茶壶泡茶，还供应芽菜粉、松糕大包等价廉物美的食品，顾客主要是一般劳动者。广式茶楼装饰讲究，大多数为二层建筑，风格颇具广府文化特色。各式小吃点心，品种繁多，茗茶点心相配，"上茶楼""叹早茶"成为广州人的日常生活习惯。清代至民国，广州出现至今依旧兴旺的"陶陶居""莲香楼"，清代的康有为常到"陶陶居"品茗。至今，"陶陶居"门厅依旧挂着由康有为题字的黑底金字大招牌。民国时期，鲁迅、许广平、巴金等在广州时也经常上茶楼饮茶。鲁迅先生说："广州的茶清香可口，一杯在手，可以和朋友作半日谈。"

广式早茶茶礼颇有意思。主人为客人斟茶时，客人要用食指和中指一边轻叩桌面，一边说"唔该"，以致谢意。这一茶俗来自乾隆下江南的典故。相传乾隆皇帝到江南视察时，曾微服私访，有一次来到一家茶馆，兴之所至，竟给随行的仆从斟起茶来。按皇宫规矩，仆从是要跪受的。但为了不暴露乾隆的身份，仆从灵机一动，将食指和中指弯曲，做成屈膝的姿势，轻叩桌面，以代替下跪。后来，这个消息传开，便逐渐演化成了饮茶时的一种礼仪，被广州人遵崇为一种礼仪规范。

不揭壶盖也是广州茶楼的一项茶俗。客人茶壶若需要续水，一般必须自己动手打开壶盖，这就表示需要加开水冲茶，服务员不为客揭茶壶盖冲水。有些外地茶客不明白，会认为服务员工作态度欠佳。据说晚清时，广州旗下街有个恶霸名叫荣寿禄，是朝廷大臣荣禄的族侄，一贯横行霸道，鱼肉乡里，经常敲诈勒索百姓。有一天，他到石磬茶楼饮茶，因斗鹌鹑赌输了，便设下一个敲竹杠的骗局。隔了几日，他又来此饮茶，偷偷地将一只鹌鹑放在茶杯内，将盖盖上。等堂倌来揭盖冲开水时，鹌鹑突然"噗"的一声，飞出窗外。此时，这个恶霸便以堂倌弄飞了他的鹌鹑为由，令其爪牙将堂倌痛打一顿，并向茶楼老板勒索赔款，限令三天内交款，否则封楼抓人。号称"广东十虎"的武林高手王隐林、苏乞儿知道此事后路见不平、拔刀相助，打死了荣寿禄，了结了此事。此后，茶楼的服务员不再主动为茶客揭盖冲开水。这一改变沿袭至今，成为一种茶俗。

广州的茶楼，家家都备有各色名茶和广式名点（图1-6），茶有红茶、绿茶、乌龙茶、花茶等，点心有虾饺、烧卖、叉烧包等，还有各种粥品、云吞、各式小菜、小吃等，琳琅满目。早茶通常在早上四五点钟，天还未亮就开市了，至七八点钟达到高潮，男男女女，老老少少，座无虚席。人们叫上一壶好茶，点上几样精美的点心，在上班之前来一顿美味又高雅的早餐。而且，除了满足口腹之欲，早茶已成为一种休闲和社交方式，假日里全家一起上茶楼，围坐桌旁，边饮茶，边品点，边聊天，既温馨又快乐。上班族谈工作，年轻人谈恋爱，也都喜欢以吃早茶的方式进行。因此，广州早茶不但不见衰落，反而越来越普及，越来越红火。在中国香港、澳门，甚至东南亚及世界各地，凡是有广东人的地方就有广东茶楼，就有人吃广式早茶，而在内地的各大城市，广式早茶也变成一种新潮时尚为人们所追求。

图1-6　广式早茶各式点心

二、客家擂茶

擂茶是我国客家人最隆重的待客礼仪，擂茶也称为"三生汤"，此名的由来有不同说法。说法之一是擂茶在初创时所用的主要原料是生叶（嫩茶叶）、生姜、生米，混合研捣成糊状物，然后加水煮熟而成，因为三种主要原料都是生的，故名"三生汤"。说法之二是在三国时，张飞带兵进攻武陵壶头山（今湖南省常德市境内），当时正值炎夏酷暑，那一带瘟疫蔓延，张飞军队的多数人染疾病倒，连张飞本人也未能幸免。正在危难之时，附近的一位老中医有感于张飞部属军纪严明，对老百姓秋毫无犯，所以献上擂茶的祖传秘方，并为张飞和他的部下治好了病。张飞感激万分，称老汉为"神医下凡"，并说能得到他的帮助"实是三生有幸"！从此以后，人们就把擂茶称为"三生汤"。

擂茶的制法和饮用习俗，最早流传在湘、川、黔、鄂四省交界的武陵山区，随着人口的迁移，逐步传到了闽、粤、赣、台等地区，并得到改进和发展。在广东，擂茶成为客家人的一种茶俗文化（图1-7），在广东省内的揭西、普宁、清远、英德、海丰、陆丰、惠来、五华等地，客家擂茶形成了不同的风格。客家人热情好客，无论婚嫁喜庆，还是亲朋好友来访，都以擂茶待客，制作擂茶的多为家中妇女。

图1-7 擂茶茶艺表演

擂茶三宝是指制作擂茶的器具：一是口径50cm且内壁有粗密沟纹的陶制擂钵；二是用上等山楂木或油茶树干加工制成的约85cm长的擂棍；三是用竹篾制成的捞滤碎渣的"捞子"。

以广东揭阳揭西客家擂茶为例，揭西擂茶（图1-8）所用的器具为一个擂钵，一支擂棍，初擂选用揭阳绿茶为原料，用擂棍研磨成末打底后，配料则拌入芝麻、花生、薄荷三种食材，细擂加水，将原料捣成糊状，加盐作为调料，再注入沸水，擂茶汤便制成了，香气扑鼻，口感清爽，具有清热、解暑、止渴、生津等多种功效。

图1-8 揭西擂茶

　　饮茶时还可以根据个人嗜好选择加入白糖、盐巴、花生仁、芝麻等佐料，一同擂入原料中煮饮。饮擂茶益处很多，在"三生"中，茶叶提神降火，生姜解毒去湿，生米和胃健脾。"三生汤"恰似一副保健良方，不仅客家人爱喝，居住在当地的其他民族人也都养成了喝擂茶的习惯。当地人中午可不吃午饭，只是喝擂茶，吃些锅巴、萝卜条、花生、蚕豆等，他们认为喝擂茶夏天可以解暑，冬天可以祛寒，长期饮用，具有防病健身、延年益寿的功效。近年来，随着人们生活水平的提高，擂茶的原料在"三生"的基础上发生了丰富的变化，人们在擂茶中分别加入白糖、盐巴、芝麻、花生、爆米花等配料，饮用时还佐以各种美味小吃，使擂茶的口味千变万化，为越来越多的人所喜爱。

三、潮州工夫茶

　　潮州工夫茶（图1-9）是指流传并保存于潮州中心区域以及周边地区（包括闽南），融精神、礼仪、沏泡技艺、巡茶艺术、评品质量为一体的完整茶道形式，是中国古典茶道流派之一，被称为中国茶道的活化石。工夫茶以工夫为前提，工夫茶的"工夫"指的是技艺、时间和感觉。种茶、制茶得下功夫，泡茶、冲茶要好功夫，品茶、饮茶得有闲功夫。人们常说"没有功夫就莫饮工夫茶"。

图1-9 潮州工夫茶

作为一种民俗文化，潮州工夫茶在广东粤东地区，特别是潮汕地区盛行不衰，平常百姓之家，一套精致小巧的工夫茶具，成为待客最基本的日常器具，甚至可以说，凡有潮州人的地方，就有潮州工夫茶。

有文字记载的潮州饮茶历史始于宋代，位于潮州金山南麓的宋代摩崖石刻，刻着北宋知州王汉的《金山城诗》中的诗句"茶灶香龛平"。茶灶，即烹茶煮水用的火炉。而真正对潮州工夫茶有文字记载的是清代乾隆五十八年至嘉庆五年间，广东兴宁典史俞蛟在《梦厂杂著·潮嘉风月·工夫茶》中写道："工夫茶烹治之法，本诸陆羽《茶经》而器具更为精致。炉形如截筒，高约一尺二三寸，以细白泥为之。壶出宜兴窑者最佳，圆体扁腹，努咀曲柄，大者可受半升许。杯盘则花瓷居多，内外写山水人物，极工致，类非近代物，然无款志，制自何年，不能考也。炉及壶、盘各一，惟杯之数，视客之多寡。杯小而盘如满月。此外，尚有瓦铛、棕垫、纸扇、竹夹，制皆朴雅。壶、盘与杯，旧而佳者，贵如拱璧。寻常舟中，不易得也。先将泉水贮铛，用细炭煎至初沸，投闽茶于壶内冲之，盖定复遍浇其上，然后斟而细呷之。气味芳烈，较嚼梅花更为清绝。……蜀茶久不至矣，今舟中所尚者，惟武夷，极佳者每斤需白锱二枚。"这是文字记载中首次把工夫茶作为一种品饮方式同潮州联系在一起。文中涉及韩江六蓬船上的茶事，茶具、茶叶、冲泡程式也有较为明确的介绍，说明清代潮州工夫茶的茶道形式基本定型。

潮州工夫茶讲究品饮"茶的真味"。我国自明代朱元璋废除饼茶上贡开始，文人茶客更倡导追求茶叶原本风味、不添加其他佐料的饮茶方式，潮州工夫茶很大程度上也体现了清饮的特点。在茶叶的选择上，重视茶叶的品质，以乌龙茶为主，传统上喝福建武夷岩茶、炭焙浓香型铁观音。《建瓯县志》记载："近广潮帮来办者，不下数十号。……出产倍于水仙，年以数万箱计。"20世纪80年代以后，随着社会政治经济的发展，凤凰单丛产量增加，凤凰单丛茶成为潮州工夫茶的品饮主流。而在凤凰茶区乌龙茶制作工艺还没有完全推广之前，潮州本地炒青绿茶、黄茶也是当地人品饮的茶类。

以明清时期"小壶小杯"为冲泡特点的潮州工夫茶，对于壶杯等一系列的茶器讲究"配备精良"。工夫茶具以能充分表现茶汤特点的实用性为基础，兼具精致的诗文绘画。以翁辉东《潮州茶经》为例，传统潮州工夫茶器包括茶壶、盖瓯、茶杯、茶洗、茶盘、茶垫、水瓶、水钵、龙缸、红泥小炉、砂铫、羽扇、茶罐锡盒、茶桌、茶担等20多件。其中，红泥小炉、玉书煨、潮州手拉壶、若琛杯，被称为潮州工夫茶四宝，是潮州工夫茶冲泡的标准配置。

红泥小炉（图1-10），也称红泥小火炉，潮安、潮阳、揭阳都有制作，其中以潮阳流溪红土所制为佳，炉身常以对联、书卷、博古装饰，上有炉盖，下有炉门，用毕，盖上炉盖和炉门，火自熄灭，非常实用，其造型小巧玲珑，款式多样，有四方形、六角形、圆柱形、鼓形等，十分美观。

图1-10　潮阳对联红泥炉

玉书煨，也称砂铫（图1-11），俗称"薄锅仔"。以潮州枫溪制作的为佳，用砂泥制成，轻巧、美观，水一开，小盖便自动掀动，发出一阵阵声响，这时的水冲茶刚刚合适，也有用铜、铝等金属制成的。

图1-11　玉书煨

潮州人早期尤为喜爱用宜兴紫砂壶泡茶，因为其产自江苏宜兴，所以俗称苏罐或冲罐，造型小巧精美，泡茶时香味不外溢。款式有孟臣、秋圃、逸公、思亭等，其造型异彩纷呈，款式多样，透气性和吸水性好，使用一段时间后，壶身质地光滑，古朴典雅。清代中期以后，潮州民间艺人开始创作手拉壶（图1-12），红泥料选用当地的山间石粉碎及田间田土，这些泥料可塑性高，采用传统手拉方法制作，按工夫茶杯的水量细分成一杯壶、二杯壶、三杯壶等，质地坚硬，透气性佳，表面光滑，美观实用。

图1-12　潮州手拉壶

若琛杯以江西景德镇或潮州枫溪出品的白瓷小杯最为普遍，杯底书"若琛珍藏"为最珍贵。潮州枫溪制作的俗称"白玉令"（图1-13）。杯的特点是小、浅、薄、白。小则一啜而尽，浅则水不留底，薄易起香，白能衬托茶色。

图1-13　潮州工夫茶船与白玉令杯

潮州工夫茶除了讲究好茶好器之外，还讲究选水和用火。近代翁辉东《潮州茶经·工夫茶》中记载："煮茶要件，水当先求，火亦不后，苏东坡诗云，活水还须活火烹。"潮州人冲泡工夫茶十分重视水质，往往为了求得好水冲茶，不辞辛苦遍访名泉。据说，嗜茶者每逢泡茶，必取湘子桥第三洲（墩）之水，因其清冽无杂质。清末抗日护台将领、爱国诗人丘逢甲在《潮州春思》之六咏道："曲院春风啜茗天，竹炉榄炭手亲煎。小砂壶瀹新鹧咀，来试湖山处女泉。"处女泉位于潮州西湖的葫芦山麓。另外，还有潮安县桑浦山东麓甘露寺后的"甘露泉"，因其清冽如甘露而得名。煮茶活火用料多为绞枳炭，以其坚硬之木，入窑窒烧，木脂燃尽，烟嗅无存，敲之有声，碎之莹黑，以之烹茶，实为上乘。还有用橄榄核炭者，以乌榄剥肉去仁之核，入窑窒烧，尽失烟气，状若煤屑，焰活火匀，更为特别（图1-14）。

图1-14 乌榄炭

冲泡程式可概括为治器、纳茶、候汤、冲茶、刮沫、淋罐、烫杯、洒茶。

治器：泥炉起火，砂铫加水，煽炉，洁器候火，滚杯。

纳茶：即置茶，将茶叶倾倒在一张四方白纸上，粗大茶叶放在壶底和壶嘴处，将细末置于中层，最后将粗茶叶放在上面。这样做，避免细末堵住壶嘴，使茶汤浓度适中。每泡的投茶量少为6g~7g，多为8g~10g，也可根据个人口感喜好增减投茶量。

候汤：此过程在于把握泡茶水温，以乌龙茶为茶料冲泡潮州工夫茶，要求温度在100℃，即冲即出，第七八泡后可延长出汤时间。翁辉东《潮州茶经·工夫茶》引《茶谱》云："不藉汤熏，何昭茶德。"《茶说》云："汤者茶之司命，见其沸如鱼目，微微有声，是为一沸，铫缘涌如连珠，是为二沸，腾波鼓浪，是为三沸。一沸太稚，谓之婴儿汤；三沸太老，谓之百寿汤（老汤也不可用）。若水面浮珠，声若松涛，是为第二沸，正好之候也。"《大观茶论》云："凡用汤如鱼目、蟹眼连绎迸跃为度。"苏东坡煮茶诗："蟹眼已过鱼眼生。"潮州工夫茶堪称古法中保存最完好的泡茶形式。

冲茶：取沸水，沿环壶口注水，第一次注水冲茶急促，随即倒掉茶汤，称为"温润泡"，为了润茶醒茶，有利于发挥茶的色、香、味。第二泡为正式泡茶，提砂铫沿壶口内沿定位高冲，不可断续，不宜过于急促。

刮沫：冲水必使满而忌溢，满时茶沫浮白，溢出壶面，提壶盖从壶口平刮之，沫即散坠，然后盖定。

淋罐："壶盖盖后，复以热汤遍淋壶上，以去其沫。壶外追热，则香味盈溢于壶中。"淋罐即淋壶，盖好壶盖，用沸水从壶顶淋遍壶身。其作用在于通过壶外追加热气，内外夹攻，迅速挥发出茶香，泡出茶的真滋味，也利于保温。

烫杯：烫杯时，用开水直冲杯心，将一个茶杯侧放至另一个茶杯上，用三个手指转动循环清洗。此步骤声音铿锵清脆，动作优美（图1-15）。

图1-15　烫杯

洒茶：循环反复沿各杯低洒出汤，"低、快、匀、尽"地控制出汤速度，要求各杯汤色均匀，壶中余汤必须沥尽，方可品饮。

2008年，潮州工夫茶（图1-16）作为一种民俗文化，入选第二批国家级非物质文化遗产名录。2015年，《潮州工夫茶艺冲泡技术规程》对潮州工夫茶的传承传播列出规范标准的21道程序。

图1-16　潮州工夫茶茶席

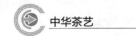

通过对本章的学习，使学习者了解茶文化的起源、茶树的发现和利用，掌握茶叶从鲜叶咀嚼药用到今天的饮用每个阶段的进步和变化。了解广东地区的饮茶风俗，增强学生爱国、爱家乡的情怀，鼓励学生结合专业领域推广岭南茶文化。

知识链接

1. http：//tea. gog. cn/system/2017/07/19/015906087. shtmL（多彩贵州文艺网）.

2. http：//www. teamuseum. cn/（中国茶叶博物馆）.

3. 陈彬藩. 中国茶文化经典 ［M］. 北京：光明日报出版社，1999.

第二章　茶叶基础知识

学习目标

1. 了解茶树的基础知识。
2. 掌握基本茶类及其品质特征，了解再加工茶。
3. 掌握基本茶类的主要制作流程，并能分辨六大茶类。
4. 了解茶叶的三大特征性成分。

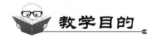

教学目的

掌握基本茶类的分类依据，能正确分辨茶类。

主要内容

1. 茶叶基础知识。
2. 六大茶类的分类及依据。
3. 茶叶的主要成分。

案例导入

　　一日，顾客问茶叶店老板："为什么茶有红茶、绿茶和黑茶？"老板说："这茶和人一样，有白人、黑人、黄种人。"顾客恍然大悟地说："怪不得很老的茶被尊称为奶茶。"其实中国是茶树的故乡，不但茶区分布广，而且茶叶种类多样，每种茶叶无论是在外观、香气或是口感上，都有细微的差别，因而造就了中国茶叶的多样风貌。学生通过本章的学习，可以掌握茶叶基本分类的依据，避免在品饮中闹笑话。

第一节　茶树基础知识

　　陆羽《茶经》中说："茶者，南方之嘉木也。一尺，二尺，乃至数十尺。其巴山峡川有两人合抱者，伐而掇之。"茶是山茶科常绿灌木或乔木，原产于我国西南地区，其嫩叶可加工成茶叶,为我国传统饮料。学习茶艺、认识茶叶,首先要从了解茶树开始。

一、茶树的形态特征

茶是多年生、常绿、木本的山茶科植物。茶树是由根、茎、叶、花、果实和种子等组成的,它们分别有不同的功能。其中根、茎、叶承担着养料及水分的吸收、运输、转化、合成和贮存等功能。花、果实和种子完成开花结果至种子成熟的过程。这些部分有机地结合为一个整体,共同完成茶树的新陈代谢及生长发育过程。

1. 茶树的外形

茶树的地上部分,因茶枝性状的差异,植株分为乔木型、小乔木型和灌木型 3 种(图 2-1、图 2-2 和图 2-3)。

(1)乔木型茶树。有明显的主干,分枝部位高,通常树高 3m~5m。至今在云南、贵州、四川一带仍能看到参天的野生大茶树。树高可达 15m~30m,基部干围达 1.5m 以上,寿命可达数百年或上千年之久。

(2)小乔木型茶树。在树高和分枝上都介于灌木型茶树与乔木型茶树之间。这类茶树基部主干明显,可高达 4m~6m。

(3)灌木型茶树。没有明显的主干,分枝较密,多近地面处,树冠矮小,通常为 1.5m~3m,我国栽培的茶树多属于此类。

图 2-1　古茶树(乔木型茶树)

图 2-2　小乔木型茶树

图2-3　灌木型茶树

2. 茶树的组成

茶树属于高等植物，具有高度发展的植物体。茶树外部形态是由根、茎、叶、花、果实和种子等器官构成的整体。茶树的根、茎、叶是营养器官，花、果实、种子是繁殖器官。

（1）根。茶树的根由主根、侧根、细根、根毛组成，为轴状根系。主根由种子的胚根发育而成，在垂直向下生长的过程中，分生出侧根和细根，细根上生出根毛。主根和侧根构成根系的骨干，寿命较长，起固定、输导、贮藏等作用。细根和根毛统称吸收根，寿命较短，不断更新。

（2）茎。茶树的茎，根据其作用分为主干、主轴、骨干枝、细枝。分枝以下的部分称为主干，分枝以上的部分称为主轴。主干是区别茶树类型的重要依据之一。

在茶树的茎上生有叶和芽。生叶的地方叫节，两叶之间的一段叫节间，叶脱落后留有叶痕。芽又分为叶芽和花芽，叶芽展开后形成的枝叶叫新梢。新梢展叶后，分一芽一叶梢、一芽二叶梢，摘下后即是制茶用的鲜叶原料。茶树的枝茎有很强的繁殖能力，将枝条剪下一段插入土中，在适宜的条件下即可生成新的植株。

（3）叶。茶树的叶片（图2-4）是制作饮料茶叶的原料，也是茶树进行呼吸、蒸发和光合作用的主要器官。

图2-4　茶叶

茶树的叶由叶片和叶柄组成，没有托叶，属于不完全叶。在枝条上为单叶互生，着生的状态因品种而不同，有直立状、半直立状、水平状、下垂状 4 种。叶面有革质，较平滑，有光泽；叶背无革质，较粗糙，有气孔，是茶树交换体内外气体的通道。

茶树叶片的大小、色泽、厚度和形态，因品种、季节、树龄及农业技术措施等不同而有显著差异。叶片形状有椭圆形、卵形、长椭圆形、倒卵形、圆形等，以椭圆形和卵形为最多。叶片的叶尖形状（图 2-5）有急尖、渐尖、钝尖和圆尖之分，叶片的大小，长的可达 20cm，短的仅 5cm；宽的可达 8cm，窄的仅 2cm。

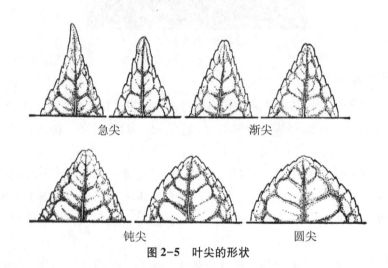

急尖　　　　　　渐尖

钝尖　　　　　　圆尖

图 2-5　叶尖的形状

一片成熟茶叶有以下 4 个特征：

①叶片的边缘上有锯齿，一般为 16 对~32 对；

②有明显的主脉，由主脉分出侧脉，侧脉又分出细脉，侧脉与主脉呈 45°左右的角度向叶缘延伸；

③叶脉呈网状，叶脉从中展至叶缘 2/3 处呈弧形向上弯曲，并与上一侧脉连接，组成一个闭合的网状输导系统，这是茶树叶片的重要特征之一；

④树的嫩叶背面着生茸毛，是鲜叶细嫩、品质优良的标志，茸毛越多，表示叶片越嫩。一般从嫩芽、幼叶到嫩叶，茸毛逐渐减少，到第四叶叶片成熟叶，茸毛便已不见了。

（4）花。花是茶树的繁殖器官之一。茶花（图 2-6）为两性花，多为白色，少数呈淡黄色或粉红色，稍有芳香。

茶树上有"花果相会"的现象，茶树一般在每年六七月份开始花芽分化，形成花蕾，继而开花、授粉、结实。从花芽分化到开花需要 100d~110d。茶花授粉后子房开始发育，如遇到冬季低温便进入休止期，第二年再继续生长发育，到秋季果实才成熟。从花芽形成到果实成熟，约需要一年半时间。所以，每年 10 月前后，一方面是当年花芽分化成熟开花，另一方面是上年果实发育成熟，因此出现"花果相会"的现象。这也是茶树的一大特征。

图 2-6　茶花

（5）果实与种子。茶树的果实（图 2-7）是茶树进行繁殖的主要器官。果实包括果壳、种子两部分，茶果为蒴果，成熟时果壳开裂，种子落地。果皮未成熟时为绿色，成熟后变为棕绿或绿褐色。

茶树种子多为棕褐色，也有少数黑色、黑褐色，大小因品种而异，结构可分为外种皮、内种皮与种胚 3 部分。辨别茶籽质量的标准是：外壳硬脆，呈棕褐色，在正常采收和保管下，发芽率在 85% 左右。

图 2-7　茶果

二、茶树的生长习性

茶树的生长环境离不开光、热、气、土壤等条件。一般茶树都有喜温、喜湿、不耐寒、不耐旱的特点。气候温暖、湿润，雨量充沛，土壤为酸性，土层深厚，土质为沙壤土、壤土、黏壤土等皆是种植茶树的基本条件。此外，茶树生长的小气候也有讲究，如孤山独峰，四周无屏障，冬季易受寒风袭击而降温，山间峡谷，易受冷空气影响而形成霜，皆不宜种茶。因此，《茶经》中提出，茶树应生长在向阳山坡，并最好有林木遮挡。

第二节　茶叶的分类

我国是一个茶叶品种繁多的国家，茶类之丰富，茶名之繁多，在世界上是独一无二的。茶叶界有句行话："茶叶学到老，茶名记不了"，说的是这些琳琅满目的茶叶品名，即使从事茶叶工作一辈子的人也不见得能够全部记清楚。

一、茶叶分类的方法

中国茶叶的分类目前尚无统一的方法，按照不同的传统习惯，主要有以下分类方法。

（1）根据制造方法和品质上的差异，将茶叶分为绿茶、红茶、青茶（乌龙茶）、白茶、黄茶和黑茶六大类。

（2）按照生产季节分为春茶、夏茶、秋茶、冬茶。春茶可进一步分为头春茶、二春茶、三春茶等。头春茶在清明前采摘的称为明前茶，在谷雨前采摘的称为雨前茶。也可按照发芽轮次分为头茶、二茶、三茶、四茶。头茶相当于春茶；二茶为夏茶，或称紫茶；三茶是秋茶。少数地区把夏茶前期称为暑茶，后期称为秋茶或四茶，时间上稍微有先后。

（3）按照加工过程分为粗加工（粗制）、精加工（精制）和深加工（再加工）三个过程。将茶叶分为毛茶和成品茶两大类。其中毛茶分为绿茶、红茶、青茶（乌龙茶）、白茶和黑茶五大类，将黄茶归为绿茶一类。成品茶包括精致加工的绿茶、红茶、青茶（乌龙茶）、白茶和再加工而成的花茶、紧压茶和速溶茶等七类。按照鲜叶加工方法不同，首先可分为杀青茶类和萎凋茶类两大类。杀青茶类根据氧化程度轻重可分为绿茶、黄茶和黑茶三类。萎凋茶类根据萎凋程度轻重可分为青茶（乌龙茶）、红茶和白茶三类。

（4）按照销路分类，是贸易上的习惯命名，一般分为外销茶、内销茶、边销茶和侨销茶四类。

（5）按生产地区分类命名，也比较普遍，如中国绿茶。也可以产茶省区命名，如云南红茶、四川红茶、浙江龙井茶等。

（6）现在比较通行的办法是将茶叶分为基本茶类和再加工茶类。基本茶类有绿茶、红茶、青茶（乌龙茶）、白茶、黄茶和黑茶六大类。再加工茶类有花茶、紧压茶、萃取茶、果味茶、药用保健茶、含茶饮料等。

（7）还有的将非茶之茶也列为一类。市场上非茶之茶很多，均不属于茶叶的范畴，但其却以保健茶或药用茶的形式出现。例如，罗布麻茶、人参茶、杜仲茶等。它们也可分为两大类：一类是具有保健作用的，称为保健茶，也叫药茶，以某些植物茎叶或花作为主料，再以少量的茶叶或其他食物作为调料配制而成，例如绞股蓝茶；另一类是当零食消闲用的点心茶，例如青豆茶、锅巴茶等。

二、基本茶类

按照初加工工艺的不同，以及加工中茶叶多酚类物质的氧化聚合程度的不同，将茶叶分为六大基本类型，即绿茶、红茶、青茶（乌龙茶）、白茶、黄茶、黑茶。

1. 绿茶

绿茶（图2-8）类属不发酵茶（发酵度为0）。这类茶的茶叶颜色为翠绿色，茶汤为绿黄色，因此称为绿茶。例如雨花茶、龙井、碧螺春、黄山毛峰、太平猴魁等。绿茶是我国产量最多的一类茶叶，全国18个产茶省（区）都产绿茶。我国绿茶品种之多居世界首位，每年出口数万吨，占世界茶叶市场绿茶贸易的70%。按照初制加工过程的杀青和干燥方式不同，绿茶可分为蒸青绿茶、炒青绿茶、烘青绿茶、晒青绿茶。

颜色：碧绿、翠绿或黄绿，久置或与热空气接触易变色。

原料：嫩芽、嫩叶，不适合久置。

香味：清新的绿豆香，味清淡微苦。

性质：富含叶绿素、维生素C。茶性较寒凉，咖啡碱、茶碱含量较多，较易刺激神经。

图2-8 绿茶

2. 红茶

红茶（图2-9）类属全发酵茶（发酵度为100%）。通过萎凋、揉捻、发酵、干燥等基本工艺生产的茶叶称为红茶。最早出现的红茶是清代始创于福建崇安的小种红茶。在国际市场上，红茶贸易量占世界茶叶总贸易量的90%以上。根据红茶的外形形状，可分为条红茶（小种红茶、工夫红茶）和红碎（叶茶、碎茶、片茶和末茶）。因它的颜色是深红色，泡出来的茶汤又呈朱红色，所以叫红茶。例如祁门红茶、滇红、宁红、宜红等。英文把红茶称作black tea，意思是黑茶，主要指的是红茶干茶的色泽。

颜色：暗红色。

原料：大叶、中叶、小叶都有。

香味：麦芽糖香，焦糖香，滋味浓厚略带涩味。

性质：温和。不含叶绿素、维生素C。因咖啡碱、茶碱较少，兴奋神经效能较低。

图2-9 红茶

3. 青茶（乌龙茶）

青茶（图2-10）类属半发酵茶（发酵度为10%~70%），俗称乌龙茶，是介于绿茶（不发酵）与红茶（全发酵）之间的一类茶。种类繁多，这种茶呈深绿色或青褐色，泡出来的茶汤则是蜜绿色或蜜黄色，有一股"如梅似兰"的幽香，无红茶之涩、绿茶之苦。乌龙茶出现在清代初年，创制地点在福建，乌龙茶又可分为闽北乌龙、闽南乌龙、广东乌龙、台湾乌龙等几种类型，例如，冻顶乌龙、闽北水仙、铁观音、武夷岩茶等。

颜色：青绿、暗绿。

原料：两叶一芽，枝叶连理，大都是对口叶，芽叶已成熟。

香味：花香果味，从清新的花香、果香到熟果香都有，滋味醇厚回甘，略带微苦亦能回甘。

性质：温凉。略含叶绿素、维生素 C，茶碱、咖啡碱约有 3%。

图 2-10　青茶

4. 白茶

白茶（图 2-11）类属部分发酵茶（发酵度为 10%）。传说咸丰、光绪年间被茶农偶尔发现。这种茶树嫩芽肥大、毫多，生晒制干，香、味俱佳。该茶主产于我国福建，我国台湾地区也有少量生产，主销东南亚和欧洲。白茶茶汤呈象牙色；因白茶是采自茶树的嫩芽制成，细嫩的芽叶上面盖满了细小的白毫，白茶的名称就由此而来。例如，银针白毫、白牡丹、寿眉等。

颜色：汤色浅淡。

原料：福鼎大白茶种的壮芽或嫩芽，大多是针形或长片形。

香味：味清鲜爽口、甘醇、香气弱。

性质：寒凉，有退热祛暑作用。

图 2-11　白茶

5. 黄茶

黄茶（图2-12）类属部分发酵茶（发酵度为10%）。黄茶最早出现在明代，在炒制绿茶过程中由于技术失误，或杀青时间过长，或杀青后未及时摊晾，或揉捻后未及时烘干、炒干，堆积过久，使叶子变黄，产生黄汤黄叶，这样就出现了茶的一个品类——黄茶，因此，具有黄汤黄叶的特点。例如，君山银针、蒙顶黄芽、霍山黄芽等。

颜色：黄汤黄叶。

原料：带有茸毛的芽头，用芽或芽叶制成。制茶工艺类似绿茶。

香味：香气清纯，滋味甜爽。

性质：凉性，因产量少，是珍贵的茶叶。

图2-12　黄茶

6. 黑茶

黑茶（图2-13）类属后发酵茶（随时间的不同，其发酵程度会变化）。黑茶产量较大，仅次于绿茶、红茶，以边境销售为主，又称为"边销茶"。黑茶制作始于明代中期。黑茶也是偶然出现的，在制作绿茶时，因叶量多，火温低，使叶色变为近似黑色的深褐绿色，或绿毛茶堆积后发酵，渥成黑色，于是便产生了黑茶。黑茶的原料一般较粗老，加之制造过程中往往堆积时间较长，因而叶色墨黑或黑褐，故称黑茶。这类茶以销往俄罗斯等国及我国边疆地区为主；大部分内销，少部分销往海外。因此，习惯上把黑茶制成的紧压茶称为边销茶。例如，普洱茶、湖南黑茶、老青茶、六堡散茶等。

颜色：青褐色，汤色橙黄或褐色，虽是黑茶，但泡出来的茶汤未必是黑色。

原料：花色、品种丰富，大叶种等茶树的粗老梗叶或鲜叶经后发酵制成。

香味：具陈香，滋味醇厚回甘。

性质：温和。属后发酵，可存放较久，耐泡耐煮。

图 2-13　黑茶

三、再加工茶

以基本茶类做原料进行再加工以后制成的产品称再加工茶，主要包括花茶、紧压茶、萃取茶、果味茶、药用保健茶、含茶饮料等。

1. 花茶

花茶是将茶叶加花窨烘焙而成（发酵度视茶类别而有所不同，我国大陆以绿茶窨花多，台湾地区以青茶窨花多，目前红茶窨花越来越多）。明代顾元庆在《茶谱》中有橙皮窨茶和莲花窨茶的记载。橙皮窨茶就是将橙皮切丝，将茶叶与其拌和后烘干。莲花窨茶是在太阳未出时，将茶叶放入莲花内，用麻绳略扎，一天一夜后将茶倒出烘干。但这都不是现代意义上的花茶，现代意义上的花茶创制于清朝顺康年间。据载，当时有一个徽州人，自娱自乐用兰花和茶叶放在一起窨制，取名兰花方片。受到他的启发，后人竞相效仿，发展成了当今的一大茶类。这种茶富有花香，以窨的花种命名，花茶又名窨花茶、香片等。饮之既有茶味，又有花的芬芳，是一种再加工茶。例如，茉莉花茶（图 2-14）、牡丹绣球、桂花龙井茶（图 2-15）、玫瑰红茶等。

颜色：视茶类别而有所不同，但都会有少许花瓣存在。

原料：以茶叶加花窨烘培而成，茉莉花、玫瑰、桂花、黄枝花、兰花等，都可加入各类茶中窨成花茶。

香味：浓郁花香和茶味。

性质：凉温都有，因富花的特质，饮用花茶另有化的滋味。

图 2-14 茉莉花茶

图 2-15 桂花龙井茶

2. 紧压茶

紧压茶以红茶、绿茶、青茶、黑茶的毛茶为原料,经加工、蒸压成型而制成。因此,紧压茶属于再加工茶。中国目前生产的紧压茶,主要有沱茶、普洱方茶、竹筒茶、米砖、花砖、黑砖、茯砖、青砖、康砖、金尖茶、方包茶、六堡茶、湘尖、紧茶、圆茶和饼茶等。

颜色:大都是暗色,视采用何种茶类为原料而有所不同。泡出来的茶汤颜色也属于深色。

原料:各种茶类的毛茶都可为原料,属于再加工茶。

香味:沉稳、厚重。

性质:现代紧压茶与古代的团茶、饼茶在原料上有所不同,古代是采摘茶树鲜叶经蒸青、磨碎、压模成型后干燥制成。现代紧压茶是以毛茶再加工、蒸压成型而成。

3. 萃取茶

萃取茶是以成品茶或半成品茶为原料，用热水萃取茶叶中的可溶物，过滤弃去茶渣，获得的茶汁，经浓缩或不浓缩，干燥或不干燥，制备成固态或液态茶，统称萃取茶。主要有罐装饮料茶、浓缩茶及速溶茶。

4. 果味茶

果味茶是在茶叶半成品或成品中加入果汁后制成的各种含有水果味的茶。这类茶叶既有茶味，又有果香味，风味独特。我国生产的果味茶主要有荔枝红茶、柠檬红茶、山楂茶等。

5. 药用保健茶

药用保健茶是指用茶叶和某些中草药或食品拼和调配后制成的各种保健茶。茶叶本来就有营养保健作用，经过调配，更加强了它的某些防病治病的功效。保健茶种类繁多，功效也各不相同。

6. 含茶饮料

含茶饮料是在饮料中添加各种茶汁而开发出来的新型饮料，如茶可乐、茶露、茶叶汽水等。

四、非茶之茶

因制茶技术的发展以及市场的需要，出现了以茶叶再加工的茶，或将茶叶添加其他材料以产生新的口味，称添加味茶。例如液态茶、茶叶配上草药的草药茶、八宝茶。有的根本是没有茶叶的非茶之茶，如：杜仲茶、冬瓜茶、绞股蓝茶、刺五加茶、玄米茶等。此类茶大都以有保健功效而被人们所饮用，因此，也被称为保健茶，是一种民间的传统代用茶。

第三节　茶叶的主要成分

茶叶中的化学成分，经过分离鉴定已知的化合物有 700 多种，它们对茶叶的色、香、味以及营养、保健起着重要的作用。茶树鲜叶中，水分占 75%～78%；干物质占 22%～25%。元素周期表中所列的 100 多种元素中，自然界存在的为 92 种，已知只有 25 种左右是构成生命物质的主要成分。茶树各部位含有 33 种，除有一般植物具备的碳、氢、氧、氮元素外，茶树中还有含量较高的钾、锌、氟、硒等元素。与其他植物相比，茶树中含量较高的成分有咖啡碱和矿物质中的钾、氟、铝等，以及维生素中的维生素 C 和维生素 E 等。茶叶中的氨基酸最具特点，即包含一种其他生物中没有的茶氨酸。这些成分形成了茶叶的色、香、味，并且还具有营养和保健作用。是否同时含有咖啡碱、茶多酚、茶氨酸这三种成分是鉴别茶叶真假的重要化学指标（表2-1）。

表2-1　茶叶中化学成分及干物质的含量

成分	含量/%	组成
蛋白质	20~30	谷蛋白、球蛋白、精蛋白、白蛋白
氨基酸	1~5	茶氨酸、天冬氨酸、精氨酸、谷氨酸、丙氨酸、苯丙氨酸
生物碱	3~5	咖啡碱、茶碱、可可碱等
茶多酚	20~35	儿茶素、黄酮、黄酮醇、酚酸等
碳水化合物	35~40	葡萄糖、果胶、蔗糖、麦芽糖、淀粉、纤维素
脂类化合物	4~7	磷脂、硫脂、糖脂等
有机酸	<3	琥珀酸、苹果酸、柠檬酸、亚油酸、棕榈酸等
矿物质	4~7	钾、磷、钙、铁、锰、硒、铝、铜、硫、氟等
维生素	0.6~1.0	维生素A、维生素B、维生素C及叶酸等

一、茶的营养作用

当今，茶饮料是全世界公认的健康饮料。在我国古代本草类书籍中，茶早已被确认为"万病之药"。

唐朝《新修本草》中记载："茗，苦茶，味甘苦，微寒无毒。主瘘疮，利小便，去痰热渴，令人少睡，春采之。苦茶，主下气，消宿食。作饮加茱萸、葱、姜等。"李时珍《本草纲目》称茶的性味为"苦、甘、微寒，无毒"。我国中医理论认为，茶甘味多补而苦味多泻。可知茶叶是攻补兼备的良药。属攻者如清热、清暑、解毒、消食、去肥腻、利水、通便、祛痰、祛风解表等；属补者如止渴生津、益气力、延年益寿等。又其性"微寒"，也就是"凉"的意思，寒凉的药物，具有清热、解毒、泻火、凉血、消暑、疗疮等功效。茶叶对人体的营养、治疗价值是很大的，而且无毒、服用安全，所以可以长饮久服。

二、茶的药用成分

唐朝《本草拾遗》中说："诸药为各病之药，茶为万病之药。"虽然有些夸张，但也说明茶具有广泛的治疗作用。现代药理研究证明，茶叶中确有多种成分的药理作用与人体健康关系密切，主要有以下几类。

1. 咖啡碱

咖啡碱是茶叶中含量很高的生物碱，一般每150mL的茶汤中含有40mg左右的咖啡碱，咖啡碱具弱碱性，其性质有如下特点：①白色的绢丝状的结晶，和盐、味精看起来差不多；②溶解性，咖啡碱非常容易溶解在热水里，其溶解在热水里的速度比其他特征性成分（茶氨酸、茶多酚）要快得多。有研究表明，在 1min、2min、3min 直到10min，每分钟测定茶叶成分浸出的含量，前 1.5min 咖啡碱浸出 60% ~ 70%，其他成分只浸出 1/3；③升华，咖啡碱是固体，固体直接变成气体叫作升华。在热的作用下咖啡碱会在茶叶里升华出来，碰到冷空气又会结晶下来；④咖啡碱是苦的；⑤络合作用，即"冷后浑"，用沸水泡茶，茶汤明亮透澈，如把这杯茶水放到冰箱里 1h，再拿出来变浑浊了，这个现象就是"冷后浑"，表示茶叶里有咖啡碱。

咖啡碱的药理作用：①使神经中枢兴奋，消除疲劳，提高劳动效率；②抵抗酒精、烟碱的毒害作用；③对中枢和末梢血管系统有兴奋作用；④有利尿作用；⑤有调节体温作用；⑥直接刺激呼吸中枢兴奋。

2. 茶多酚

茶多酚是茶叶里最重要的一类成分，其含量很高，分布很广，变化较大，集中表现在茶芽上，对品质影响最显著。茶叶中多酚类物质主要由儿茶素类、黄酮类化合物、花青素和酚酸组成，其中以儿茶素含量最高，约占茶多酚总量的 7%。绿茶中茶多酚含量一般为干茶质量的 15% ~ 35%，有的品种甚至超过 40%，而红茶因发酵使茶多酚大部分氧化，故含量低于绿茶，为 10% ~ 20%。

茶多酚的药理作用：①降低血脂；②抑制动脉硬化；③增强毛细血管功能；④降低血糖；⑤抗氧化、抗衰老；⑥抗辐射；⑦杀菌、消炎；⑧抗癌、抗突变等。

美国医学基金会主席曾指出，茶多酚将是 21 世纪对人体健康产生巨大效果的化合物。目前，茶多酚作为抗氧化剂已广泛地应用于食品工业和精细化工业。

3. 茶氨酸

茶氨酸是氨基酸的一种，也是茶树中特有的化学成分之一，化学名称为谷氨酰乙胺。至今为止，除了茶树之外，发现茶氨酸仅存在于一种蘑菇中，在其他生物中尚未发现。茶氨酸是茶叶中含量最高的氨基酸，约占游离氨基酸总量的 50% 以上，占茶叶干重的 1% ~ 2%。茶氨酸为白色针状体，易溶于水。具有甜味和鲜爽味，阈值为0.06%，是茶叶滋味的主要成分。

茶氨酸的主要作用：①调节脑内神经传递物质的变化；②提高学习能力和记忆力；③镇静作用；④改善经期综合征；⑤保护神经细胞；⑥降低血压；⑦增强抗癌药物的疗效；⑧减肥。此外，还发现茶氨酸有护肝、抗氧化等作用。在茶氨酸的安全性实验中，在 5g/kg 体重的高剂量的情况下也未发现其具有急性毒性。茶氨酸的安全性也得到了证明。目前，茶氨酸的保健品及茶氨酸添加食品已开始进入市场。

4. 维生素

茶叶中含有丰富的维生素。维生素是维持人体健康及新陈代谢不可缺少的物质，一般分为水溶性和脂溶性两类。

水溶性维生素主要是维生素 B、维生素 C，它们的功效是：①维持神经、心脏及消化系统的正常机能，促进人体的糖代谢；②有利于预防和治疗癞皮病等皮肤病；③防治角膜炎、结膜炎、脂溢性皮炎、口角炎等；④增强人体抵抗力，促进创口愈合；⑤降血脂，预防动脉硬化；⑥抑制致癌物质和癌细胞增殖，具有明显的抗癌效果。

脂溶性维生素主要是维生素 A、维生素 E、维生素 K 等，它们对维持人体正常生理功能也很重要。茶叶中维生素 A（即胡萝卜素）的含量比胡萝卜还高，它能维持人体正常发育，维持上皮细胞正常机能，防止其角化。维生素 E 是一种著名的抗氧化剂，具有防衰老的效应。维生素 K 可促进肝脏合成凝血素，故有止血的作用。

维生素虽然广泛存在于茶叶中，但在不同茶叶中的含量却也有多有少。一般绿茶多于红茶，优质茶多于劣质茶，春茶多于夏、秋茶。

5. 矿物质

茶叶中含有多种矿物质元素。其中，以磷与钾含量最高，其次为钙、镁、铁、锰、铝，微量元素有铜、锌、钠、硫、氟、硒等。这些矿物质中的大多数对人体健康是有益的。

微量元素氟在茶叶中的含量远高于其他植物。氟对预防龋齿和防治老年骨质疏松有明显效果。硒能增强人体对疾病的抵抗力，对治疗冠心病也有效，还能抑制癌细胞的发生和发展。锌有利于增强智力与抗病力，缺锌会导致儿童和青少年生长发育缓慢，因此，不论老少都不能缺锌。铁与铜则与人体的造血功能有关，能够促进血红蛋白的合成。

本章小结

通过对本章的学习，使学习者了解茶树的形态特征；掌握茶叶基本类别及不同茶类的品质特点，认识主要茶类的代表茶；了解茶叶三大特征性成分。

知识链接

1. http：//www.zgchawang.com/（中国茶网）.

2. http：//www.chinatss.cn/（中国茶叶学会）.

3. 张涛. 茶艺基础［M］. 广西：广西师范大学出版社，2018.

第三章 茶叶冲泡基础知识

学习目标

1. 掌握泡茶三要素，能够根据不同茶类泡好一壶茶。
2. 了解水质对茶的重要性。
3. 掌握现代常用茶具的功能，茶具的选配要求与方法。

教学目的

1. 掌握泡茶三要素，能够正确选择和处理泡茶用水。
2. 掌握中国茶具的类别，学会用不同茶具搭配不同茶类。

主要内容

泡茶三要素、泡茶用水的选择、茶具的分类和使用。

案例导入

为什么水烧开了还不泡茶

钱先生和几个朋友去茶艺馆喝茶聊天。平时在家他主要喝花茶，一把茶叶，一个杯子，再加一壶开水足矣。朋友们都说喝茶对身体有好处，所以今天他点了一壶碧螺春。茶艺服务员将茶具、茶叶一一摆放在桌上，就开始进行冲泡展示服务。过了一会儿，水烧开了，但是服务员只是将随水泡（茶壶）关掉，却没有开始泡茶。这下钱先生可着急了，他连声对服务员说："快点泡茶啊，一会儿水凉了泡出的茶就不好喝了。"谁知他的话音刚落，就引来朋友一片笑声。经过茶艺服务员的解释他才明白，原来并不是所有的茶叶都必须用开水冲泡，冲泡有些茶叶如果水温过高，反而会影响茶汤的色、香、味、形，而且损失其营养。

好茶需得好水泡，好茶需得精美的茶具来衬托，而要品得好滋味，还要掌握科学的冲泡方法。茶叶中的化学成分是组成茶叶色、香、味的物质基础，其中多数能在冲泡过程中溶于水，从而形成了茶汤的色泽、香气和滋味。泡茶时，应根据不同茶类的

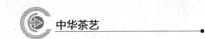

特点，调整水的温度、浸泡时间和茶叶的用量，从而使茶的香味、色泽、滋味得以充分地发挥。

第一节　泡茶三要素

综合起来，成就一杯好茶主要有三大要素：一是茶水比，二是冲泡水温，三是冲泡时间。

一、茶水比

茶叶冲泡时，茶与水的比例称为茶水比，茶与水的比例不同，茶汤香气的高低和滋味浓淡就不同。泡好一杯茶或一壶茶，需要掌握茶叶用量。每次茶叶用多少，并没有统一标准，主要根据茶叶种类、茶具大小以及消费者的饮用习惯而定。一般而言，水多茶少，滋味淡薄；茶多水少，茶汤苦涩不爽。因此，细嫩的茶叶用量可以略多；较粗的茶叶，用量可少些。

普通的红、绿茶类（包括花茶），可大致掌握在50mL~60mL水冲泡1g茶。如果是200mL的杯（壶），可投放3g左右的茶，冲水至七八成满，就成了一杯浓淡适宜的茶汤。品饮铁观音等乌龙茶时，要求香、味浓度高，用若琛瓯细细品尝，茶水比可以大些，（1∶18）~（1∶20）为宜，即用壶泡时，茶叶体积占壶容量的2/3左右。广东潮汕地区，投茶量达到茶壶容积的1/2。紧压茶，如金尖、康砖、茯砖和方包茶等，因茶原料比较粗老，用煮渍法才能充分提取出茶叶香、味成分；而原料较为细嫩的饼茶则可采用冲泡法。用煮渍法时，茶水比可用1∶80，冲泡法则茶水比略大，约1∶50。品饮普洱茶，如用冲泡法，茶水比一般为（1∶30）~（1∶40），即5g~10g茶叶加150mL~200mL水。

茶、水的用量还与饮茶者的年龄、性别有关。大致来说，中老年人比年轻人饮茶要浓，男性比女性饮茶要浓。如果饮茶者是老茶客或是体力劳动者，一般可以适量加大茶量；如果饮茶者是新茶客或是脑力劳动者，可以适量少放一些茶叶。

一般来说，茶不可泡得太浓，因为浓茶有损胃气，对脾胃虚寒者更甚，茶叶中含有鞣酸，太浓太多，可引起消化黏膜收缩，妨碍胃吸收，引起便秘和牙黄；同时，太浓的茶汤和太淡的茶汤使人不易品出茶香嫩的味道。古人谓饮茶"宁淡勿浓"是有一定道理的。

二、冲泡水温

古人对泡茶水温十分讲究。宋代蔡襄在《茶录》中说："候汤最难，未熟则沫浮，过熟则茶沉，前世谓之蟹眼者，过熟汤也。沉瓶中煮之不可辨，故曰候汤最难。"明代许次纾在《茶疏》中说得更为具体："水一入铫，便需急煮，候有松声，即去盖，以消息其老嫩。蟹眼之后，水有微涛，是为当时；大涛鼎沸，旋至无声，是为过时；过则汤老而香散，决不堪用。"以上说明，泡茶烧水，要大火急沸，不要文火慢煮。以刚煮沸起泡为宜，用这样的水泡茶，茶汤香味皆佳。如果水沸腾过久，即古人所称的"水老"，溶于水中的二氧化碳挥发殆尽，泡茶鲜爽味便大为逊色。未沸滚的水，古人称为"水嫩"，也不适宜泡茶，因水温低，茶中有效成分不易泡出，使香味低淡，而且茶浮于水面，饮用不便。据测定，在时间和用茶量相同的情况下，用 60℃ 的开水冲泡茶叶，与等量 100℃ 的水冲泡茶叶相比，茶汤中的茶汁浸出物含量，前者只有后者的 45%～65%。这就是说，冲泡茶的水温高，茶汁就容易浸出，茶汤的滋味也就愈浓；冲泡茶的水温低，茶汁浸出速度慢，茶汤的滋味也相对愈淡。"冷水泡茶慢慢浓"，说的就是这个意思。

泡茶水温的高低，与茶的老嫩、松紧、大小有关。大致说来，茶叶原料粗老、紧实、整叶的，要比茶叶原料细嫩、松散、碎叶的，茶汁浸出要慢得多，所以冲泡水温要高。当然，水温的高低，还与冲泡的茶叶品种有关。

具体说来，高级细嫩名茶，特别是名优高档的绿茶，冲泡时水温为 80℃ 左右。只有这样泡出来的茶汤才清澈不浑，香气醇正而不钝，滋味鲜爽而不熟，叶底明亮而不暗，使人饮之可口，视之动情。如果水温过高，汤色就会变黄；茶芽因"泡熟"而不能直立，失去欣赏性；维生素遭到大量破坏，降低营养价值；咖啡碱、茶多酚很快浸出，又使茶汤产生苦涩味，这就是茶人常说的把茶"烫熟"了。反之，如果水温过低，则渗透性较低，往往使茶叶浮在表面，茶中的有效成分难以浸出，结果，茶味淡薄，同样会降低饮茶的功效。大宗红、绿茶和花茶，由于茶叶原料老嫩适中，故可用 90℃ 左右的开水冲泡。

冲泡乌龙茶、普洱茶等，由于原料并不细嫩，加之用茶量较大，所以须用刚沸的 100℃ 开水冲泡。特别是乌龙茶，为了保持和提高水温，要在冲泡前用滚开水烫热茶具，冲泡后用滚开水淋壶加温，目的是增加温度，使茶香充分发挥出来。至于紧压茶，要先将茶捣碎成小块，再放入壶或锅内煎煮后，才供人们饮用。判断水的温度可先用温度计和计时器测量，等掌握之后就可凭经验来判断了。当然，所有的泡茶用水都得煮开，以自然降温的方式来达到控温的效果。

三、冲泡时间

茶叶冲泡时间差异很大，与茶叶种类、泡茶水温、用茶数量和饮茶习惯等都有关。

如用茶杯泡饮普通红、绿茶，每杯放干茶 3g 左右，用沸水 150mL～200mL，冲泡时宜加杯盖，避免茶香散失，时间以 2min～3min 为宜。时间太短，茶汤色浅淡；茶泡久了，增加茶汤涩味，香味还易丧失。不过，新采制的绿茶可冲水不加杯盖，这样汤色更艳。用茶量多的，冲泡时间宜短，反之则宜长。质量好的茶，冲泡时间宜短，反

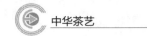

之宜长些。

茶的滋味是随着时间延长而逐渐增浓的。据测定，用沸水泡茶，首先浸泡出来的是咖啡碱、维生素、氨基酸等；大约到 3min 时，浸出物浓度最佳，这时饮起来，茶汤有鲜爽醇和之感，但缺少饮茶者需要的刺激味。之后，随着时间的延续，茶多酚浸出物含量逐渐增加。因此，为了获取一杯鲜爽甘醇的茶汤，可用以下留根冲泡法（主要指绿茶）：将茶叶放入杯中后，先倒入少量开水，以浸没茶叶为宜，加盖 3min 左右，再加开水到七八成满，便可趁热饮用。当喝到杯中尚余 1/3 左右茶汤时，再加开水，这样可使前后茶汤浓度比较均匀。

对于注重香气的乌龙茶、花茶，泡茶时，为了不使茶香散失，不但需要加盖，而且冲泡时间不宜长，通常 2min～3min 即可。由于泡乌龙茶时用茶量较大，因此，第一泡经过 1min 就可将茶汤倾入杯中，自第二泡开始，每次应比前一泡增加 15s 左右，这样泡出的茶汤比较均匀。

白茶冲泡时，要求沸水的温度在 70℃ 左右，一般在 4min～5min 后，浮在水面的茶叶才开始徐徐下沉，这时，品茶者应以欣赏为主，观茶形，察沉浮，从不同的茶姿、颜色中获取身心的愉悦，一般到 10min，方可品饮茶汤；否则，不但失去了品茶的艺术享受，而且饮起来淡而无味。白茶加工未经揉捻，细胞未曾破碎，所以茶汁很难浸出，因此，浸泡时间需相对延长，同时只能重泡一次。另外，冲泡时间还与茶叶老嫩和茶的形态有关。一般说来，凡原料较细嫩，茶叶松散的，冲泡时间可相对缩短；相反，原料较粗老，茶叶紧实的，冲泡时间可相对延长。

据测定，茶叶中各种有效成分的浸出率是不一样的，最容易浸出的是氨基酸和维生素；其次是咖啡碱、茶多酚等。一般茶冲泡第一次时，茶中的可溶性物质能浸出50%～55%；冲泡第二次时，能浸出 30% 左右；冲泡第三次时，能浸出约 10%；冲泡第四次时，只能浸出 2%～3%，几乎是白开水了。所以，通常以冲泡三次为宜。

由于颗粒细小、揉捻充分的红碎茶和绿碎茶的成分很容易被沸水浸出，一般都是冲泡一次就将茶渣滤去，不再重泡；速溶茶，也是采用一次冲泡法；工夫红茶则可冲泡 2 次～3 次；而条形绿茶（如眉茶）、花茶通常只能冲泡 2 次～3 次；品饮乌龙茶多用小型紫砂壶，在用茶量较多时（约半壶），可连续冲泡 4 次～6 次，甚至更多。

第二节　泡茶用水

茶叶的种类繁多，除了掌握泡茶三要素之外，要想泡好茶，既要根据实际需要了解各类茶叶，掌握科学的冲泡技术，又要选择好泡茶用水与器具。

好茶配好水，明代张大复在《梅花草堂笔谈》中谈道："茶性必发于水，八分之茶，遇十分之水，茶亦十分；八分之水，试十分之茶，茶只八分。"可见，水质能直接影响茶汤品质。水质不好，不能正确反映茶叶的色、香、味，尤其对茶汤的滋味影响更大。因此，历史上就有"龙井茶，虎跑水"和"蒙顶山上茶，扬子江心水"之说。名泉伴名茶，美上加美。

茶与产地的水土可自然融合，所以，烹西湖龙井茶以虎跑泉水为佳；烹蒙顶茶可用蒙顶山泉水。当地的茶用当地的山泉水，其味即使不是绝佳，也不会差多少。

一、水的软硬度选择

通常水按其中含有的物质分成"软水"和"硬水"两种。软水是指天然水中的雨水和雪水，硬水是指泉水、江河之水、溪水、自来水和一些地下水。水的软硬之分是看其中是否含有钙、镁离子，含碳酸氢钙和碳酸氢镁较多的水为硬水，反之为软水。具体标准以钙、镁等离子含量超过 8mg/L 的水为硬水，少于 8mg/L 的为软水。

硬水其实也可以用来泡茶，如果水中所含的是碳酸氢钙和碳酸氢镁，可以通过煮沸的方法，使之沉淀，如同我们所见的烧水壶底上常有一层白色坚硬的物质，就是碳酸氢钙和碳酸氢镁沉淀的产物。经过煮沸后的水也就转化成了软水，可以转化的硬水是暂时硬水，转化后可以用来泡茶。有些硬水所含的物质是钙和镁的硫酸盐及氯化物，这些物质不能通过煮沸消除，所以也不能转化成软水，这种硬水是永久硬水，用来煮沸后泡茶，往往使茶水发黑，茶味苦涩，茶香不正。

通常 1L 水中含有 1mg 碳酸钙称为硬度 1 度。硬度 0 度~10 度为软水，10 度以上为硬水。通常泡茶用水的总硬度不超过 25 度。水的软硬度会影响茶叶有效成分的溶解度，软水中所含的其他溶质少，茶中有效成分可以迅速溶出，而且溶解度高，茶味浓厚；硬水中，由于含有大量矿物质，如钙、镁离子等，茶中有效成分的溶解度就低，茶味偏淡，而且水中的一些物质与茶发生作用，对茶产生不良影响。水的软硬度还会影响到水的酸碱度，从而影响茶汤的颜色，并直接影响茶汤的滋味。泡茶选择软水或暂时硬水为宜。

二、现代人对泡茶用水的选择

泡茶用水究竟以何种为优，自古以来就引起人们的重视和兴趣。陆羽的《茶经》中说到："其水，用山水上、江水中、井水下，拣乳泉、石池慢流者上。"宋徽宗赵佶在《大观茶论》中提到："水以清轻甘活为美，轻甘乃水之自然，独为难得……但当取山泉之清洁者。"历代茶人注重对于茶品研究的同时，也注重研究水品。不管什么水，只有符合"清、轻、甘、活、冽"5 个标准，才算得上是好水。

1. 山泉水

水源中以山泉水为佳，因为山泉水大多出自岩石重叠的山峦，污染少，山上植被茂盛，从山岩断层涓涓细流汇集而成的泉水，经过砂石过滤，清澈晶莹，含二氧化碳和各种对人体有益的微量元素；而经过砂石过滤的泉水，水质清净晶莹，含氯、铁等化合物极少，用这种泉水泡茶，能使茶的色、香、味、形得到最好呈现，泡茶用水虽

以山泉水为佳，但也并非山泉水都可以用来沏茶，如硫磺矿泉水是不能沏茶的。另外，山泉水也不是随处可得，因此，对于多数茶客而言，只能视条件和可能去选择宜茶水品了。

2. 江、河、湖水

江、河、湖水属地表水，含杂质较多，浑浊度较高，一般说来，沏茶难以取得较好的效果，但在远离人烟，植被生长繁茂之地，污染物较少，这样的江、河、湖水，仍不失为沏茶好水。如浙江桐庐的富春江水、淳安的千岛湖水、绍兴的鉴湖水就是例证。唐代陆羽在《茶经》中说："其江水，取去人远者"，就是这个意思。唐代白居易在诗中说："蜀水寄到但惊新，渭水煎来始觉珍"，认为渭水煎茶很好。唐代李群玉曰："吴瓯湘水绿花新"，说湘水煎茶也不差。明代许次纾在《茶疏》中更进一步说："黄河之水，来自天上。浊者土色，澄之既净，香味自发"，也就是说即使浑浊的黄河水，只要经澄清处理，同样也能使茶汤香高味醇。这种情况，古代如此，现代也同样如此。

3. 井水

井水属于地下水，悬浮物含量少，透明度较高。但它又多为浅层地下水，特别是城市井水，易受周围环境污染，用来沏茶，有损茶味。所以，若能汲得活水井的水沏茶，同样也能泡得一杯好茶。唐代陆羽《茶经》中的"井取汲多者"，明代陆树声《煎茶七类》中的"井取多汲者，汲多则水活"，说的就是这个意思。明代焦竑的《玉堂丛语》，清代窦光鼐、朱筠的《日下归闻考》中都提到的京城文华殿东大庖井，水质清明，滋味甘冽，曾是明清两代皇宫的饮用水源。福建南安观音井，曾是宋代的斗茶用水源，如今犹在。

4. 雪水、雨水

雪水和雨水，古人誉为"天泉"。用雪水泡茶，一向就被重视。如唐代大诗人白居易《晚起》诗中的"融雪煎香茗"，宋代著名词人辛弃疾《六幺令》词中的"细写茶经煮香雪"，还有元代诗人谢宗可《雪煎茶》诗中的"夜扫寒英煮绿尘"，也是描写用雪水泡茶。清代曹雪芹的"却喜侍儿知试茗，扫将新雪及时烹"也是赞美用雪水泡茶的。《红楼梦》第四十一回"贾宝玉品茶栊翠庵"中写道，妙玉用在地下珍藏了5年的、取自梅花上的雪水煎茶待客。至于雨水，综合历代茶人泡茶的经验，认为秋天的雨水，因天高气爽，空中尘埃少，水味清冽，当属上品；梅雨季节的雨水，因天气沉闷，阴雨连绵，较为逊色；夏季雨水，雷雨阵阵，飞沙走石，因此水质不净，会使茶味"走样"。但雪水和雨水，与江、河、湖水相比，总是洁净的，不失为泡茶好水。不过，空气污染较为严重的地方，如酸雨的水，不能泡茶，同样污染很严重的城市的雪水也不能用来泡茶。

5. 自来水

自来水含有用来消毒的氯气等，在水管中滞留较久的，还含有较多的铁质。当水中的铁离子含量超过万分之五时，会使茶汤呈褐色，而氯化物与茶中的多酚类物质作用，又会使茶汤表面形成一层"锈油"，喝起来有苦涩味。所以，用自来水沏茶，最好用无污染的容器，先贮存数天，待氯气散发后再煮沸沏茶，或者采用净水器将水净化，这样就可成为较好的泡茶用水。

6. 纯净水

现代科学的进步，采用多层过滤和超滤、反渗透技术，可将一般的饮用水变成不含有任何杂质的纯净水，并使水的酸碱度达到中性。用这种水泡茶，不仅因为净度好、透明度高，沏出的茶汤晶莹透彻，而且香气滋味醇正，无异杂味，鲜醇爽口。市面上纯净水的品牌很多，大多数都宜泡茶。除纯净水外，还有质地优良的矿泉水也是较好的泡茶用水。

三、泡茶用水的处理

（1）过滤法

购置理想的滤水器，将自来水经过过滤后，再来冲泡茶叶。

（2）澄清法

将水先盛放在陶缸，或无异味、干净的容器中，经过一昼夜的澄清和挥发，水质就变得较理想，可以冲泡茶叶。

（3）煮沸法

自来水煮开后，将壶盖打开，让水中消毒药物的味道挥发掉，保留了没异味的水质，这样泡茶较为理想。

第三节　泡茶用具

中国茶具历史悠久，工艺精湛，种类繁多，"茶具"一词最早出现在汉代。西汉辞赋家王褒《僮约》有"烹茶尽具"之说，这是我国最早提到"茶具"的一条史料。茶具发展过程主要表现为由粗趋精、由大趋小、由简趋繁，复又返璞归真、从简行事。茶具因茶而生，种类繁多，造型千姿百态，已成为家家户户案头或茶几上不可缺少的生活用品和工艺品。茶具由开始的茶碗，逐渐发展为茶杯、茶壶和茶盘等成套器具。按不同用途和材质，茶具可分为不同的类别。

一、按茶具质地分

按质地，茶具可划分为：陶土茶具、金属茶具、瓷器茶具、漆器茶具、竹木茶具、玻璃茶具、搪瓷茶具、玉石茶具等。

1. 陶土茶具

陶土器具是新石器时代的重要发明，最初是粗糙的土陶，然后逐步演变为比较坚实的硬陶，再发展为表面上釉的釉陶。陶土茶具的代表是紫砂茶具。

陶器首推江苏宜兴紫砂茶具。紫砂茶具早在北宋初期已经崛起，并在明代大为流行。紫砂茶具由陶器发展而成，属于陶器茶具的一种。它和一般的陶器不同，里外都不敷釉，而是采用当地的紫泥、红泥、绿泥等天然泥料精制焙烧而成。这些紫砂土是一种颗粒较粗的陶土，含有大量的氧化铁等化学物质。它的原料呈沙性，其沙性特征主要表现在两个方面：①虽然硬度高，但不会瓷化；②从胎的微观方面观察，其有两层孔隙，即内部呈团形颗粒，外部呈鳞片状颗粒，两层颗粒可以形成不同的气孔。正是由于这两大特点，紫砂茶具有着非常好的透气性，能较好地保持茶叶的色、香、味。

由于将紫砂烧成陶需要火温较高，在 $1100℃ \sim 1200℃$，烧结致密，胎质细腻，既不渗漏，又具有透气性能，经久使用，还能吸附茶汁，即紫砂茶具有一定的透气性和低微的吸水性，用来泡茶，既有利于保持茶的原香、原味，又不会产生熟汤气、蕴涵茶香，并且传热较慢，不太烫手。即使在盛夏，壶中茶汤也不会变质发馊。因此，历史上曾有"一壶重不数两，价重一二十金，能使土与黄金争价"之说。紫砂茶具对温度的适应性也很好，冬天放在火上煨烧，也不会爆裂。紫砂茶具的缺点是颜色较深，难以观察茶汤的色泽和壶（杯）中茶叶的姿态变化。

紫砂茶具使用年代越久，色泽越光亮照人、古雅润滑，常年久用，茶香愈浓，所以有人形容其"饮后空杯，留香不绝"。由于紫砂壶造型丰富多彩，工艺精湛超俗，具有很高的艺术价值。明清两代，宜兴紫砂艺术突飞猛进地发展起来。名手所做紫砂壶（图 3-1）造型精美，色泽古朴，光彩夺目，因而成为人们竞相收藏的艺术品。

图 3-1　紫砂壶

2. 金属茶具

金属用具是指由金、银、铜、铁、锡等金属材料制作而成的器具，是我国最古老的日用器具之一。早在公元前18世纪至公元前221年秦始皇统一中国之前的1500年间，青铜器就得到了广泛的应用，先人用青铜器制作盘盛水，制作爵、樽盛酒，这些青铜器皿自然也可以用来盛茶。大约到南北朝时，我国出现了包括饮茶器皿在内的其他金属器具。到隋唐时，金属器具的制作已达到高峰。

20世纪80年代中期，陕西法门寺出土的一套由唐僖宗供奉的鎏金茶具（图3-2），可谓是金属茶具中罕见的稀世珍宝。但从宋代开始，古人对金属茶具褒贬不一。元代以后，特别是从明代开始，随着茶类的创新，饮茶方法的改变，以及陶瓷茶具的兴起，使得金属茶具逐渐消失，尤其是用锡、铁、铅等金属制作的茶具，人们认为用其煮水泡茶，会使"茶味走样"，以致很少有人使用。但用金属制成贮茶器具，如锡瓶、锡罐等，却屡见不鲜。这是因为金属贮茶器具的密闭性要比纸、竹、木、瓷、陶等好，具有较好的防潮、避光性能，这样更有利于散茶的保藏。因此，用锡制作的贮茶器具，至今仍流行于世。

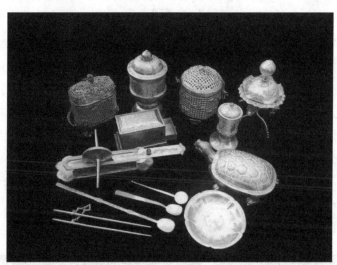

图3-2　唐僖宗供奉的鎏金茶具

3. 瓷器茶具

瓷器是在陶器的基础上发展而来的。自唐代起，随着我国的饮茶之风大盛，茶具生产获得了飞跃发展。唐、宋、元、明、清各代相继涌现了一大批生产茶具的著名窑场，其制品精品辈出，所产瓷器茶具有青瓷茶具、白瓷茶具、黑瓷茶具和彩瓷茶具等。

（1）青瓷茶具（图3-3）。早在东汉年间，人们已开始生产色泽纯正、透明发光的青瓷。晋代浙江的越窑、婺窑、瓯窑已具相当规模。宋代时期，作为当时五大名窑之一的浙江龙泉哥窑生产的青瓷茶具，已达到鼎盛时期，远销各地。明代时期，青瓷茶具更以其质地细腻，造型端庄，釉色青莹，纹样雅丽而蜚声中外。当代，浙江龙泉青瓷茶具有新的发展，不断有新产品问世。这种茶具除具有瓷器茶具的众多优点外，因色泽正，用其冲泡绿茶，更有益于汤色之美。不过，用它来冲泡红茶、白茶、黄茶、黑茶，则易使茶失去本来面目，似有不足之处。

图 3-3　青瓷茶具

　　（2）白瓷茶具（图 3-4）。白瓷茶具具有坯质致密透明，上釉、成陶火温高，无吸水性，音清而韵长等特点。因色泽洁白，能反映出茶汤色泽，传热、保温性能适中，加之造型各异，堪称饮茶器中之珍品。早在唐朝，河北邢窑生产的白瓷器具有"天下无贵贱，通用之"之称。唐朝白居易还作诗盛赞四川大邑生产的白瓷茶碗。而景德镇生产的白瓷在唐代就有"假玉器"之美称，这些产品质薄光润，白里泛青，雅致悦目，并有刻花、印花和褐色点彩装饰。到了元代，景德镇因烧制青花瓷而闻名于世。时至今日，景德镇的瓷器仍是世界上的佼佼者。如今，白瓷茶具更是面目一新。这种白瓷茶具适宜冲泡各类茶叶，加之白瓷茶具造型精巧，装饰典雅，外壁多绘有山川河流、四季花草、飞禽走兽、人物故事、名人书法，颇具艺术欣赏价值，使用最为普遍。

图 3-4　白瓷茶具

（3）黑瓷茶具（图3-5）。黑瓷茶具始于晚唐，鼎盛于宋，延续于元，衰败于明清。这是因为自宋代开始，饮茶方法已由唐时煎茶法逐渐演变为点茶法，而宋代流行的斗茶，又为黑瓷茶具的崛起创造了条件。宋人衡量斗茶的效果，一看盏面汤花色泽和均匀度，以"鲜白"为先；二看汤花与茶盏相接处水痕的有无和出现的迟早，以"著盏无水痕"为上。时任三司使给事中的蔡襄，在他的《茶录》中说："视其面色鲜白，着盏无水痕为绝佳；建安斗试，以水痕先者为负，耐久者为胜。"而使用黑瓷茶具，正如宋代祝穆在《方舆胜览》中说的"茶色白，入黑盏，其痕易验。"所以，宋代的黑瓷茶器，成了瓷器茶具中的最大品种。福建建窑、江西吉州窑、山西榆次窑等，都大量生产黑瓷茶具，成为黑瓷茶具的主要产地。黑瓷茶具的窑场中，建窑生产的"建盏"最为人称道。蔡襄《茶录》中这样说："建安所造者最为要用。出他处者，或薄或色紫，皆不及也。"建盏配方独特，在烧制过程中，会使釉面呈现兔毫条纹、鹧鸪斑点、日曜斑点，一旦茶汤入盏，能放射出五彩纷呈的点点光辉，增加了斗茶的情趣。从明代开始，由于"烹点"之法与宋代不同，黑瓷建盏"似不宜用"，仅作为"以备一种"而已。

图3-5 黑瓷茶具

（4）彩瓷茶具。彩瓷茶具的花色品种很多，其中尤以青花瓷茶具最引人注目。青花瓷茶具，其实是指以氧化钴为呈色剂，在瓷胎上直接描绘图案纹饰，再涂上一层透明釉，而后在窑内经1300℃左右高温还原烧制而成的器具。然而，对"青花"色泽中"青"的理解，古今有所不同。古人将黑、蓝、青、绿等诸色统称为"青"，故青花的含义比今天要广。青花瓷茶具花纹蓝白相映成趣，有赏心悦目之感；色彩淡雅幽菁可人，有华而不艳之力；加之彩料之上涂釉，显得滋润明亮，更增添了青花茶具的魅力。直到元代中后期，青花瓷茶具才开始成批生产，特别是景德镇，成了我国青花瓷茶具的主要生产地。由于元代青花瓷茶具绘画工艺水平高，尤其是将中国传统绘画技法运用在瓷器上，可以说它是元代绘画的一大成就。

元代以后除景德镇生产青花瓷茶具（图 3-6）外，云南的玉溪、建水，浙江的江山等地也有少量青花瓷茶具生产，但无论是釉色、胎质，还是纹饰画技，都不能与同时期景德镇生产的青花瓷茶具相比。明代时期，景德镇生产的青花瓷茶具，诸如茶壶、茶盅、茶盏，花色品种越来越多，质量愈来愈精，无论是器形、造型纹饰等都冠绝全国，成为其他生产青花瓷茶具者模仿的对象。清代时期，特别是康熙、雍正、乾隆年间，青花瓷茶具在古陶瓷发展史上，又进入了一个历史高峰，超越前朝，影响后代。康熙年间烧制的青花瓷器具，更是史称"清代之最"。综观明清时期，由于制瓷技术提高，社会经济的发展，对外出口规模扩大以及饮茶方法的改变，都促使青花瓷茶具获得了迅猛的发展。此外，全国还有许多地方生产"土青花"茶具，在一定区域内，供民间饮茶使用。

图 3-6　青花瓷茶具

4. 漆器茶具

漆器的历史十分悠久，在长沙马王堆西汉墓出土的器物中就有漆器。以脱胎漆器作为茶具，大约始于清代，其产地主要在福建福州一带。漆器茶具是采用天然漆树汁液，经掺色后，再制成绚丽夺目的器件。在浙江余姚的河姆渡文化中，已有木胎漆碗。但长期以来，有关漆器的记载很少，直至清代，福建福州出现了脱胎漆器茶具，才引起人们的关注。

脱胎漆器茶具，制作精细复杂，先按照茶具设计要求，做成木胎或泥胎模子，上以夏布或绸料，再连上几道漆灰料，然后脱去模子，再经真灰、上漆、打磨、装饰等多道工序。脱胎漆器茶具通常成套生产，盘、壶、杯通常呈一色，以黑色居多，也有棕、黄棕、深绿等色。

福州生产的漆器茶具多姿多彩，有"宝砂闪光""金丝玛瑙""釉变金丝""仿古瓷""雕填""高雕"和"嵌白银"等品种，特别是创造了红如宝石的"赤金砂"和"暗花"等新工艺以后，漆器茶具更加绚丽夺目，惹人喜爱。

漆器茶具（图3-7）表面晶莹光洁，嵌金填银，描龙画凤，光彩照人；其质轻且坚，散热缓慢，虽具有实用价值，但由于这些制品红如宝石，绿似翡翠，犹如明镜，光亮照人，人们多将其作为工艺品陈设于客厅、书房。

图3-7　漆器茶具

5. 竹木茶具

竹木茶具（图3-8）是人类早期利用天然竹木砍削而成的器皿。隋唐以前，我国饮茶虽逐渐推广开来，但属粗放饮茶。当时的饮茶器具，除陶瓷器外，民间多用竹木制作而成。陆羽在《茶经·四之器》中开列的24种茶具，多数是用竹木制作的。这种茶具，来源广，制作方便，因此，自古至今，一直受到茶人的欢迎。但其缺点是易于损坏，不能长时间使用，无法长久保存。到了清代，在四川出现了一种竹编茶具，其既是一种工艺品，又富有实用价值，多为成套制作，主要品种有茶杯、茶盅、茶托、茶壶、茶盘等。

图3-8　竹木茶具

　　竹木茶具由内胎和外套组成，内胎多为陶瓷类饮茶器具，外套用精选慈竹，经"劈、启、揉、匀"等多道工序，制成粗细如发的柔软竹丝，经烤色、染色，再按茶具内胎形状、大小编织嵌合，使之成为整体如一的茶具。现今，竹木茶具已由本色、黑色或淡褐色的简单花纹，发展到运用五彩缤纷的竹丝编织成精致繁复的图案花纹，创造出疏编、扭丝编、雕花、漏花、别花、贴花等多种技法。这种茶具，不但色调和谐，美观大方，而且能保护内胎，减少损坏；同时，泡茶后不易烫手，并富含艺术欣赏价值。因此，多数人购置竹木茶具，不在其用，而重在摆设和收藏。

6. 玻璃茶具

　　玻璃茶具古时又称琉璃茶具，是由一种有色半透明的矿物质制作而成的，色泽鲜艳，光彩照人。玻璃茶具在中国起步较早，陕西法门寺地宫出土的素面圈足淡黄色琉璃茶盏和茶托，就是证明。宋朝时，中国独特的高铅琉璃器具问世。元明时期，规模较大的琉璃作坊在山东、新疆等地出现。清代康熙年间在北京还开设了宫廷琉璃厂。随着生产的发展，如今玻璃茶具已成为大宗茶具之一。

　　由于玻璃茶具可直观杯中泡茶的过程，将茶汤的鲜艳色泽、茶叶的细嫩柔软、茶叶在冲泡过程中的上下浮动、叶片的逐渐舒展等一览无余，可以说是一种动态的艺术欣赏，更增添了品味之趣。特别是冲泡细嫩名茶，茶具晶莹剔透，杯中轻雾缥缈，澄清碧绿，芽叶朵朵，亭亭玉立，观之赏心悦目，别有风趣。如在沏碧螺春茶时，可见嫩绿芽叶缓缓舒展、碧绿的茶汁慢慢浸出的全过程。

　　玻璃茶具（图3-9）最大的特点是质地透明，光泽夺目，可塑性大，造型多样，且因大批生产，故价格低廉，深受广大消费者的欢迎。其缺点是传热快，易烫手且易碎。

图3-9　玻璃茶具

7. 搪瓷茶具

搪瓷茶具（图3-10）以坚固耐用、图案清新、轻便耐腐蚀而著称。它起源于古埃及，之后传入欧洲。但现在使用的铸铁搪瓷始于19世纪初的德国与奥地利。搪瓷工艺传入我国，大约是在元代。明代景泰年间，我国创制了珐琅镶嵌工艺品景泰蓝茶具，清代乾隆年间景泰蓝从宫廷流向民间，这可以说是我国搪瓷工业的肇始。

我国真正开始生产搪瓷茶具是20世纪初，特别是20世纪80年代以来，生产了许多新品种：仿瓷茶具瓷面洁白、细腻、光亮，不但形状各异，而且图案清新，有较强的艺术感，可与瓷器媲美；网眼花茶杯饰有网眼或彩色加网眼，且层次清晰，有较强的艺术感；鼓形茶杯和蝶形茶杯样式轻巧，造型独特；保温茶杯能起保温的作用且携带方便，加彩搪瓷茶盘可作放置茶壶茶杯用，都受到不少茶人的欢迎。但搪瓷茶具传热快，易烫手，放在茶几上，会烫坏桌面，加之"身价"较低，所以，使用时受到一定限制，一般不作待客之用。

图3-10　搪瓷茶具

8. 玉石等其他茶具

在日常生活中，除了使用上述茶具之外，还有玉石茶具及一次性的塑料、纸制茶杯等。不过最好别用保温杯泡饮，以免有损风味。

二、按茶具功能分

1. 煮水器

（1）水壶（水注）。水壶用来烧开水，目前使用较多的有紫砂提梁壶、玻璃提梁壶和不锈钢壶。

（2）茗炉（图3-11）。茗炉即用来烧泡茶开水的炉子。为表演茶艺的需要，现代茶艺馆经常备有一种茗炉，炉身为陶器，或金属制架，中间放置酒精灯，点燃后，将装好开水的水壶放在茗炉上，可保持水温，便于表演。

图 3-11　茗炉

（3）"随手泡"。"随手泡"在现代茶艺馆及家庭中使用最多。它是用电来烧水，加热开水时间较短，非常方便。

（4）开水壶。开水壶是在无须现场煮沸水时使用，一般同时备有热水瓶储备沸水。

2. 置茶器

（1）茶则（图 3-12）。则者，准则也。茶则用来衡量茶叶用量，确保投茶量准确。多为竹木制品，为由茶叶罐中取茶放入壶中的器具。

图 3-12　茶则

（2）茶匙（图 3-13）。一种细长的小耙子，用其将茶叶由茶则拨入壶中。

图 3-13　茶荷、茶匙

（3）茶荷（图 3-13）。用来赏茶及量取茶叶的多少，一般在泡茶时用茶则代替。

（4）茶滤（图 3-14）。过滤茶汤中的茶叶碎渣，使茶汤更清透明亮，起到过滤的作用。

图 3-14　茶滤

（5）茶叶罐（图 3-15）。装茶叶的罐子，以陶器为佳，也有用纸或金属制作的。

图 3-15　茶叶罐

这部分器具为必备性较强的用具，一般不应简化。

3. 理茶器

（1）茶夹（图3-16）。用来清洁杯具，或将茶渣自茶壶中夹出。

图3-16　茶夹

（2）茶针。用来疏通茶壶的壶嘴，保持水流畅通。茶针有时和茶匙一体。

4. 分茶器

茶海，亦称公道杯（图3-17）。茶汤倒入茶海后，可依喝茶人数多寡分茶；当人数少时，将茶汤置于茶海中，可避免茶叶泡水太久而苦涩。

图3-17　公道杯

5. 盛茶器、品茗器

（1）茶壶。茶壶主要用于泡茶，也可直接用小茶壶来泡茶和盛茶，独自酌饮。

（2）茶盏，又称盖碗（图3-18）。在广东潮汕地区冲泡工夫茶时，多用茶盏作泡茶用具，一般一盏工夫茶，可供3人~4人用小杯茶一巡。江浙一带以及西南地区和西北地区，用茶盏直接作泡茶和盛茶用具的，一人一盏，富有情趣。茶盏通常由盖、碗、托三套组成，多用陶器制作，少数也有用紫砂陶制作的。

图3-18 盖碗

（3）品茗杯（图3-19）。品茗所用的小杯子。

（4）闻香杯（图3-19）。此杯容积和品茗杯一样，但杯身较高，容易聚香。

（5）杯碟（图3-19）。杯碟也称杯托，用来放置品茗杯与闻香杯。

图3-19 品茗杯、闻香杯、杯碟

6. 涤茶器

（1）茶船又称茶洗（图3-20）。茶船是盛放茶壶的器具，当注入壶中的水溢满时，茶船可将水接住，避免弄湿桌面（上面为盘，下面为仓），多为竹木、陶瓷及金属制品。

图 3-20　茶船

（2）茶盘。茶盘指用以盛放茶杯或其他茶具的盘子，向客人奉茶时使用，常用竹木制作而成，也有的用陶瓷制作而成。

（3）茶巾（图 3-21）。用来擦干茶壶或茶杯底部残留的水滴，也可用来擦拭桌面。

图 3-21　茶巾

（4）茶道组。摆放茶则、茶匙、茶夹等器具的容器。

（5）茶盂（图 3-22）。茶盂主要用来贮放茶渣和废水，以及品尝点心时废弃的果壳等物，多用陶瓷制作而成。

图 3-22　茶盂

7. 其他器具

（1）壶垫。纺织制品的垫子，用以隔开茶壶与茶船，避免因摩擦撞出声音。

（2）温度计。用来判断水温的辅助器。

（3）香炉。品茗时焚点香支，可增加品茗乐趣。

本章小结

通过对本章的学习，使学习者能够了解泡茶三要素，掌握泡茶用水的选择要求，知晓茶与水之间的比例，了解每种代表茶冲泡时的不同要求和次数规律，明确泡茶烧水的时间控制，掌握泡茶水温的要求，学会茶叶与茶具合理的搭配。

知识链接

1. http：//www. chqu. com/（茶趣网）.

2. http：//www. edaocha. com/（一道茶）.

3. 范增平. 中华茶艺学［M］. 北京：台海出版社，2000.

第四章 饮茶与健康

 学习目标

1. 认识茶叶主要成分的保健功能，掌握科学合理的饮茶方法。
2. 学会正确贮藏茶叶的方法。

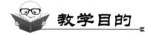 教学目的

1. 了解饮茶与健康的关系，掌握科学饮茶的方法。
2. 了解茶叶保存的方法。

 主要内容

1. 饮茶的保健功能及六大茶类的功效。
2. 科学饮茶。
3. 茶叶贮藏方法。

案例导入

今日有水厄

南北朝时，茶有代用语叫"水厄"，厄，作困苦、艰难解释，喝茶成了"水难"，何也？

在晋惠帝司马衷时代，有个叫王蒙的人特好饮茶，凡从他门前经过者必请进去喝上一阵儿，大家碍于面子只好舍命相陪。嗜茶者还罢了，不嗜茶者简直苦不堪言，不饮又怕得罪了主人，只好皱着眉头喝。久而久之，士大夫们一听说"王蒙有请"，便打趣道："今日又要遭水厄了！"

请思考故事给我们带来的启示，学会科学饮茶。

第一节　茶与养生保健

茶为"万病之药"，并不是说它能治愈每一种疾病，而是可以从传统中医学的角度去归纳和总结茶的医疗保健功效。经常饮茶可以使人元气旺盛，精力充沛，心情舒畅，这样自然百病难侵，有病自然容易恢复。通过品茶，人们的精神得以放松，心境平静豁达，心情舒畅愉悦，所以自然可以长寿。

一、饮茶可以补充多种营养元素

茶叶内富含的 500 多种化合物大部分被称为营养成分，是人体所必需的成分，如蛋白质、维生素、氨基酸、脂类、糖类及矿物质元素等，它们对人体有较高的营养价值。还有一部分化合物被称为有药用价值的成分，对人体有保健和药效作用，如茶多酚、咖啡碱、脂多糖等。

1. 饮茶可以补充人体需要的多种维生素

茶叶中含有丰富的维生素类。但茶叶中的维生素因为茶叶的生产工艺不同而有较大差别。一般来说，绿茶因为不经过发酵，所以各种维生素的含量均高于其他茶类。

2. 饮茶可以补充人体需要的蛋白质和氨基酸

大量资料表明，茶叶中能通过饮用被直接吸收利用的水溶性蛋白质含量为 2% 左右，大部分蛋白质为不溶物，存在于茶渣内。

茶叶中的氨基酸种类多达 20 余种，其中茶氨酸的含量最高，占氨基酸总量的 50% 以上。氨基酸是人体必需的营养成分，有的氨基酸和人体健康有着密切关系，如谷氨酸能降低血氨，治疗肝昏迷；蛋氨酸能调整脂肪代谢，茶氨酸能够调节脑内神经传导物质的变化，提高学习能力，保护神经细胞，有利于人体的生长发育，调节脂肪代谢，减肥等。

3. 饮茶可以补充人体需要的矿物质元素

茶叶中含有多种矿物质元素，如磷、钾、钙、镁、锰、铝、硫等。这些矿物质元素中的大多数对人体健康是有益的，茶叶中的氟含量很高，远高于其他植物，氟对预防龋齿和防治老年骨质疏松有明显效果。局部地区茶叶中的硒含量很高，对人体具有抗癌功效，它的缺乏会引起某些地方病的发生，如克山病。

二、饮茶可以强身健体

1. 饮茶可以护心

研究结果表明，每天至少喝一杯茶可使心脏病发作的危险率降低 44%，喝茶之所

以具有如此有效的作用，主要是由于茶叶中含有大量类黄酮和维生素等可使血细胞不易凝结成块。类黄酮还是最有效的抗氧化剂之一，它能够消除体内氧气的不良作用。

2. 饮茶可以降低胆固醇

根据医学研究资料证实，胆固醇过多的人，服用适量的维生素 C，可降低血液中的胆固醇、中性脂肪。因此，维生素 C 除了可预防老化之外，还可预防胆固醇过高，对维持身体健康与器官功能的正常具有良好的效果。

茶叶中由于含有丰富的维生素 C，因此，饭前、饭后及日常的休息时间，适度喝茶，可抑制胆固醇的吸收。根据研究分析，目前最受欢迎的乌龙茶具有分解脂肪、燃烧脂肪、利尿的作用，能将沉淀在血管中的胆固醇排出体外。

3. 饮茶可以增强免疫力

人体的免疫力能抵抗外来微生物的侵袭，保持人体的健康。人体免疫防御系统是通过免疫球蛋白识别入侵的病原，再由白细胞和淋巴细胞产生抗体和巨噬细胞消灭病原。

经常喝茶能够提高人体中白细胞和淋巴细胞的数量和活力，能够促进脾脏细胞中的白细胞的形成，提高人体的免疫力。

4. 饮茶可以防慢性胃炎

幽门螺杆菌（HP）是世界上感染率最高的细菌之一，是慢性活动性胃炎的直接病因。幽门螺杆菌感染已成为全球关注的公共卫生问题。由杭州市卫生监督所承担、浙江大学医学院附属第一医院协作完成的"胃病患者幽门螺杆菌感染危险因素的研究"提出：多吃豆类食物，多饮茶，少吃辛辣食物，可降低 HP 的感染风险。

5. 饮茶可以解毒醒酒、补充营养

茶的解毒作用是多方面的，对于细菌性中毒，茶叶中的茶多酚等物质可与细菌结合，使细菌的蛋白质凝固变性，以此杀菌解毒；对于金属中毒，茶叶可使这些重金属沉淀并加速其排出体外。

茶的醒酒作用是由于人在饮酒后主要靠肝脏将酒精分解成水和二氧化碳，而这个过程需要维生素 C 作为催化剂，饮茶一方面可以补充维生素 C，另一方面茶叶中的咖啡碱有利尿的功能，可以促使人体通过尿液将酒精排出体外。

6. 饮茶可以保肝明目、减肥健美

茶的保肝作用主要是因为茶中的儿茶素可防止血液中胆固醇在肝脏部位的沉积。实验证明，儿茶素对病毒性肝炎和酒精中毒引起的慢性肝炎有明显疗效。茶的明目作用主要是因为茶中含有维生素 C 和胡萝卜素，胡萝卜素被人体吸收可转化为维生素 A，维生素 A 可与赖氨酸作用形成视黄醛，增强视网膜的辨色能力。而维生素 C 如果摄入不足，人就易患白内障，因此应该适量地多饮一些茶。

7. 饮茶可以抗氧化、抗衰老

人类衰老的主要原因是人体内产生过量的"自由基"。自由基是人体在呼吸代谢过程中产生的一种化学性质非常活跃的物质，它在人体内使不饱和脂肪酸氧化并产生丙二醛类化合物，丙二醛类化合物可聚合成脂褐质色素，这种脂褐质色素在人的手和脸上沉积，就形成所谓的"老年斑"，在内脏和细胞表面沉积就促使脏器衰老。茶叶之所以具有抗衰老的作用，是由于茶多酚具有很强的抗氧化性和生理活性，能有效阻断人体内自由基活性作用，有助于抗衰老。

8. 饮茶可以防治糖尿病

糖尿病是以高血糖为特征的内分泌疾病，由于胰岛素不足和血糖过多引起糖、脂肪和蛋白质等代谢紊乱。临床实验证明，茶叶（特别是绿茶）有明显的降血糖作用。这是因为茶叶中含有复合多糖（包括葡萄糖、阿拉伯糖和核糖）、儿茶素类化合物和二苯胺等多种降血糖成分。饮茶对降低血糖水平、预防和治疗糖尿病有一定作用。饮茶对中度、轻度糖尿病有一定疗效。中国传统医学中有以茶为主要方剂用以降低血糖的治疗方法。

三、六大茶类的保健功效

1. 绿茶

绿茶为不发酵茶，杀青是绿茶加工保存养分的工序，通过杀青，钝化了酶的活性，从而抑制了酶促反应，因此，绿茶中茶鲜叶的成分保存得较好，茶多酚、氨基酸、咖啡碱、维生素 C 等主要功效成分含量较高。如上所述，科学研究证明绿茶有抗氧化、抗辐射、抗癌、降血糖、降血压、降血脂、抗菌、抗病毒、消臭等多种保健作用。日本的统计调查表明，绿茶生产地的癌症发病率明显低于日本其他地区，如将日本全国的胃癌发病死亡率设为 100%，著名的绿茶产地静冈县中川根町的胃癌发病死亡率还不到 30%。由于绿茶的保健作用日益为人所认识，绿茶已受到包括中国、日本以及欧美许多国家的青睐，世界上的绿茶消费量也年年递增；同时，绿茶茶粉、绿茶提取物，以及含有绿茶成分的保健食品、化妆品等也相继问世。

2. 黑茶

黑茶为后发酵茶。在后发酵中，茶鲜叶中的许多成分被氧化、分解，因此，在康砖、金尖、青砖、茯砖等黑茶类中，茶多酚、茶氨酸及维生素等已被认定的茶叶中的主要功效成分的含量很低，但这些茶恰恰是高海拔地区人民必不可少的生活品。尤其是康砖、金尖中这些功效成分的含量更低，为绿茶的 1/10 以下。康砖、金尖是生活在缺氧、干燥、昼夜气温变化大、冬季长而寒冷的高海拔地区的藏族人民的生活必需品，那里蔬菜、水果少，食品以粗粮、牛羊肉、乳制品为主，藏民古谚道："茶是血，茶是肉，茶是生命。"其他不同类别的砖茶也一样，都是不同区域少数民族各自认定的专用茶，经验证它们满足以食肉类、粗粮为主的高原牧区人民维持健康的要求。这些砖茶消费区域的专一性、消费量的稳定性及其不可替代性也是茶类中绝无仅有的。现在有关黑茶的研究有限，只有普洱茶类的降血脂、降胆固醇、抑制动脉硬化、减肥健美的功效已得到实验证明，对于其有效成分的探索还处于研究当中。

3. 白茶

白茶为轻发酵茶，大多为自然萎凋及风干而成。白茶具有防暑、解毒、治牙痛等作用，尤其是陈年银针白毫可用做患麻疹的幼儿的退烧药，其退烧效果比抗生素更好。最近美国的研究发现，白茶有防癌、抗癌的作用。

4. 青茶（乌龙茶）

乌龙茶为半发酵茶。乌龙茶特殊的加工工艺，使其品质特征介于红茶与绿茶之间。传统经验认为隔年的陈乌龙茶具有治疗感冒、消化不良的作用；其中的佛手还有治疗痢疾、预防高血压的作用。现代医学证明乌龙茶有降血脂、减肥、抗过敏、防蛀牙、防癌、延缓衰老等作用。

5. 红茶

红茶为全发酵茶。红茶中的儿茶素在发酵过程中大多变成氧化聚合物，如茶黄素、茶红素，这些氧化聚合物有很强的抗氧化性，这使红茶具有抗癌、抗心血管病等作用。民间还将红茶作为暖胃、助消化的良药，陈年红茶可用于治疗、缓解哮喘病。

6. 黄茶

黄茶的加工工艺不复杂，在绿茶基础上，中间多了一个闷黄的过程。但就是这个湿热氧化的过程使绿茶的部分化学成分得到改善。黄茶可以防治食道癌，而且它的抑菌效果也优于其他茶类。同时，黄茶还可以提神、助消化、化痰止咳等。

第二节　科学饮茶

茶为国饮，以茶养生，首先需要科学和正确地饮茶。一般要根据年龄性别、体质、工作性质、生活环境以及季节，有所选择，多茶类、多品种地品赏各种茶。

一、因人因时选择茶叶

茶不在贵，适合就好。不同人的体质、生理状况和生活习惯都有差别，饮茶后的感受和生理反应也相去甚远。有的人喝绿茶睡不着觉，有的人不喝茶睡不着觉；有的人喝乌龙茶胃受不了，有的人却没事……因此，选择茶叶必须因人而异。中医认为人有九大体质，而茶叶经过不同的制作工艺也有凉性及温性之分，所以体质各异的人饮茶也有讲究。燥热体质者，应喝凉性茶，虚寒体质者，应喝温性茶。一般而言，绿茶和轻发酵乌龙茶属于凉性茶；重发酵乌龙茶（如大红袍）属于中性茶，而红茶、普洱茶属于温性茶。一般初次饮茶或偶尔饮茶的人，最好选用高级绿茶，如西湖龙井、黄山毛峰、庐山云雾等。对容易因饮茶而造成失眠的人，可选用低咖啡碱茶或脱咖啡碱茶。

专家建议，有抽烟喝酒习惯，容易上火及体形较胖的人（即燥热体质者），应喝凉性茶；肠胃虚寒，平时吃点苦瓜、西瓜就感觉腹胀不舒服的人或体质较虚弱者（即虚寒体质者），应喝中性茶或温性茶。老年人适合饮用红茶及普洱茶。要特别注意的是，苦丁茶凉性偏重，其清热解毒、软化血管降血脂的功能较其他茶叶更好，最适合体质燥热者饮用，但虚寒体质者绝对不适宜饮用此茶。

另外，气候和季节也是人们选择茶叶的依据。一般而言，四季饮茶各有不同。春饮花茶，夏饮绿茶，秋饮青茶（乌龙茶），冬饮红茶。其道理在于，春季，人饮花茶，可以散发一冬积存在人体内的寒邪，浓郁的香气能促进人体阳气生发。在炎热干旱的夏季，人们对清凉的需求很高，宜饮绿茶或白茶，因为绿茶和白茶性味苦寒，可以清热、消暑、解毒、止渴、强心。秋季，以饮青茶为好，此茶不寒不热，能消除体内的余热，恢复津液。冬季，在气候寒冷的地区，应该选择红茶、花茶、普洱茶，并尽量热饮。这些性温的茶，加上热饮，可以祛寒暖身、宣肺解郁，有利于排解体内的寒湿之气。

二、合理的饮茶用量

喝茶并不是"多多益善"，而须适量。饮茶过量，尤其是过度饮浓茶，对健康非常不利。因为茶中的生物碱会使中枢神经过于兴奋，心跳加快，增加心、肾负担，还会影响睡眠。高浓度的咖啡碱和茶多酚类等物质对肠胃产生刺激，会抑制胃液分泌，影响消化功能。茶汤过浓，还会影响人体对食物中铁等无机盐的吸收。

人一天能喝多少茶？饮茶量的多少取决于饮茶习惯、年龄、健康状况、生活环境、风俗等因素。一般健康的成年人，平时又有饮茶习惯的，一日饮茶 12g 左右，分 3 次~4 次冲泡是适宜的。对于体力劳动量大、消耗多、进食量也大的人，尤其是高温环境、接触毒害物质较多的人，一日饮茶 20g 左右也是适宜的。吃油腻食物较多、烟酒量大的人也可适当增加饮茶量。孕妇、儿童、神经衰弱者、心动过速者，饮茶量应适当减少。

三、合理的饮茶温度

一般情况下饮茶提倡热饮或温饮，避免烫饮和冷饮。与平时喝汤饮水一样，过高的水温不但烫伤口腔、咽喉及食管黏膜，长期的高温刺激还是导致口腔和食管肿瘤的一个诱因。所以，茶水温度过高是极其有害的。而对于冷饮，应视具体情况而定，老

年人及脾胃虚寒者，应当忌饮冷茶。因为茶叶本身偏寒性，冷饮使其寒性得以加强，这对脾胃虚寒者会产生聚痰、伤脾胃等不良影响，对口腔、咽喉、肠道等也会有副作用。

四、不宜喝茶的人群

有些疾病患者或处在特殊生理期的人不适合饮茶。神经衰弱患者不要在临睡前饮茶。因为神经衰弱者的主要症状是失眠，茶叶中的咖啡碱具有兴奋作用，临睡前喝茶有碍入眠。

脾胃虚寒者不要饮浓茶，尤其是绿茶。因为绿茶偏寒性，并且浓茶中茶多酚、咖啡碱含量都较高，对肠胃的刺激较强，这些对脾胃虚寒者均不利。

缺铁性贫血患者不宜饮茶。因为茶叶中的茶多酚很容易与食物中的铁发生反应，使铁变成不利于被人体吸收的状态。这些患者所服用的药物多为补铁剂，它们会与茶叶中的多酚类成分发生络合等反应，从而降低补铁药剂的疗效。

胃溃疡、十二指肠溃疡患者不宜饮茶，尤其不要空腹饮茶。因为茶叶中的生物碱能抑制磷酸二酯酶的活力，其结果使胃壁细胞分泌胃酸增加，胃酸一多不利于溃疡面的愈合，加重病情，并产生疼痛等症状。

习惯性便秘患者也不宜多饮茶，因为茶叶中的多酚类物质具有收敛性，能减轻肠蠕动，这可能加剧便秘。

处于经期、孕期、产期的妇女最好少饮茶或只饮淡茶。茶叶中的茶多酚与铁离子会发生络合反应，使铁离子失去活性，这会使处于"三期"的妇女易患贫血症。茶叶中的咖啡碱对中枢神经和心血管都有一定的刺激作用，又会加重妇女的心、肾负担。孕妇吸收咖啡碱的同时，胎儿也随之被动吸收，而胎儿对咖啡碱的代谢速度比大人慢得多，这对胎儿的生长发育是不利的。妇女在哺乳期不能饮浓茶，首先，浓茶中茶多酚含量较高，一旦被吸收进入血液后，会使其乳汁分泌减少；其次，浓茶中的咖啡碱含量相对较高，被母体吸收后，会通过哺乳而进入婴儿体内，使婴儿兴奋过度或者发生肠痉挛。妇女经期也不要饮浓茶，茶叶中咖啡碱对中枢神经和心血管的刺激作用，会使经期基础代谢增高，引起痛经、经血过多或经期延长等。

五、茶叶中咖啡碱的两面性

咖啡碱是茶叶中最主要的生物碱，含量一般占干茶重的 $2\% \sim 4\%$，是茶叶品质特征成分之一，与茶的许多保健功效有关，具有强心、利尿、兴奋中枢神经等生理作用。关于茶叶中咖啡碱对人体健康的功与过，应该从茶叶整体成分组合的角度去认识，茶叶保健功能的实现是各机能成分相互协调的结果。茶汤中与其他成分混合存在的咖啡碱与单纯成分的咖啡碱是有区别的，前者由于其较低的浓度和与其他成分的相互制约，对人体健康是安全的，并对茶叶的提神、抗疲劳、利尿解毒等功能做出主要贡献。但如果不合理饮茶，其咖啡碱等成分就有可能起到危害健康的作用。所以，就咖啡碱而言，饮茶时应注意以下几点：①临睡前不要饮茶，特别是不要饮浓茶，以免造成失眠；②对某些疾病患者，如严重的心脏病及神经衰弱患者等，也应避免饮浓茶或饮茶太多，尤其不要晚上饮茶，以免加重心脏负荷。由于咖啡碱可诱发胃酸分泌，所以胃溃疡患者一般也不宜饮浓茶；③不要在服用某些药物的同时饮茶，茶叶中的咖啡碱有可能与其发生反应，从而产生不良后果。

第三节　茶叶的贮藏

为防止茶叶吸收潮气和异味，减少光线和温度对其的影响，避免挤压破碎，损坏茶叶美观的外形，就必须了解影响茶叶变质的原因并采取合理的贮藏方法。

一、影响茶叶品质的因素

茶叶品质劣变的主因在于受潮与感染异味，成品茶的吸湿性很强，很容易吸收空气中的水分。根据实验，将相当干燥的茶叶放置室内一天，茶叶的含水量可达7%左右；放置5d~6d，则上升到15%以上，在下雨的天气里，每放置1h，含水量就增加1%。在气温较高、适合微生物活动的季节里，茶叶含水量超过10%时，茶叶就会发霉而失去饮用价值。

1. 温度

氧化、聚合等化学反应与温度的高低成正比。温度越高，反应的速度越快，茶叶陈化的速度也就越快。实验结果表明，温度每升高10℃，茶叶色泽褐变的速度就加快3倍~5倍，如果将茶叶存放在0℃以下的地方，就可以较好地抑制茶叶的陈化和品质的损失。

2. 水分

水分是茶叶陈化过程中许多化学反应的必需条件。当茶叶中的水分在3%左右时，茶叶的成分与水分子呈单层分子关系，可以较为有效地延缓脂质的氧化变质；而茶叶中的水分含量超过6%时，陈化的速度就会急速加快。因此，要防止茶叶水分含量偏高，既要注意购入的茶叶水分不能超标，又要注意贮存环境的空气湿度不可过高，通常保持茶叶水分含量在5%以内。

3. 氧气

氧气能与茶叶中的很多化学成分相结合而使茶叶氧化变质。茶叶中的多酚类化合物、儿茶素、维生素C、茶黄素、茶红素等的氧化均与氧气有关。这些氧化作用会产生陈味物质，严重破坏茶叶的品质。所以，茶叶最好能与氧气隔绝开来，可使用真空抽气或充氮包装贮存。

4. 光线

光线对茶叶品质也有影响，光线照射可以加快各种化学反应，对茶叶的贮存产生极为不利的影响。特别是绿茶放置于强光下太久，很容易破坏叶绿素，使得茶叶颜色枯黄发暗，品质变坏。光能促进植物色素或脂质的氧化，紫外线的照射会使茶叶中的一些营养成分发生光化学反应，故茶叶应该避光贮藏。

二、茶叶的贮藏方法

（1）普通密封保鲜法，也称为家庭保鲜。将买回的茶叶立即分成若干小包，装进事先准备好的茶叶罐或筒里，最好一次装满盖上盖子，在不用时不要打开，用完将盖子盖严，有条件的可在器皿筒内适当放些用布袋装好的生石灰，以起到吸潮和保鲜的作用。

（2）真空抽气充氮法。将备好的铝箔与塑料做成的包装袋，采取一次性封闭真空抽气充氮包装贮存，也可适当加入些保鲜剂。但一经启封后，最好在短时间内用完，否则开封保鲜解除后，时间久了同样会陈化变质。在常温下贮藏一年以上，仍可保持茶叶原来的色、香、味，在低温下贮藏，效果更好。

（3）冷藏保鲜法。用冰箱或冰柜冷藏茶叶，可以收到令人满意的效果。但要注意防止冰箱中的鱼腥味污染茶叶，另外茶叶必须是干燥的。温度保持在约4℃不变，必须要经过抽真空保鲜处理，否则，茶叶与空气相接触且外界冷热相遇，水分和氧气会形成水珠凝结在茶叶上，加速茶叶变质。

三、贮藏茶叶的注意事项

茶叶在贮藏中的含水量不能超过5%（绿茶）~7%（红茶），如在收藏前茶叶的含水量超过这个标准，就要先炒干或烘干，然后再收藏。而炒茶、烘茶的工具要十分洁净，不能有油垢或异味；并且要用文火慢烘，要十分注意防止茶叶焦煳和破碎，以防止柴炭的烟味或其他异味污染茶叶。

本章小结

通过对本章的学习，分析了茶叶对人体有益的成分，了解了茶叶的养生知识，能知晓茶叶的各种保健功效，学会科学饮茶；了解影响茶叶变质的主要因素，学会正确贮藏茶叶的方法，寻找更好的茶叶贮藏技巧。

知识链接

　　1. http：//open. 163. com/special/cuvocw/chawenhuayujiankang. htmL（网易公开课：茶文化与茶健康）.

　　2. http：//open. 163. com/special/cuvocw/yaochayangsheng. htmL（网易公开课：中医药茶与养生）.

第五章　绿茶的品鉴及冲泡

学习目标

1. 掌握绿茶的基本知识。

2. 了解绿茶的加工工序，能识别知名绿茶，如西湖龙井、洞庭碧螺春、恩施玉露、滇青（晒青绿茶）等。

3. 掌握绿茶的冲泡方法以及指定茶艺玻璃杯冲泡绿茶技法。

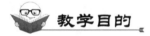

教学目的

1. 掌握绿茶的制作流程。

2. 绿茶的分类。

3. 绿茶的冲泡。

主要内容

认识绿茶、名优绿茶、绿茶的冲泡、指定茶艺（玻璃杯冲泡绿茶技法）。

案例导入

某日，小王和几位朋友走进一间茶叶专卖店，服务员小龙热情地向他们推荐店里主推的绿茶，并介绍说这是茶厂出的新茶。小王问道："绿茶不是春天才有的吗？现在都10月份了，怎么会有新茶？你这不是在骗我们吗？"小龙一时语塞，不知道怎么样解释。

思考：小龙是在欺骗顾客吗？为什么？

第一节　认识绿茶

绿茶是我国的主要茶类，属于不发酵茶。绿茶历史久、产量大、销路广、花色多、品质优。中国绿茶产地包括：浙江、河南、安徽、江西、江苏、四川、湖南、湖北、广西、福建、贵州等省份。

一、绿茶的基本加工工艺

绿茶是不发酵茶，不同的绿茶加工方法不尽相同，其基本工艺可概括为：鲜叶、杀青、揉捻、干燥。

鲜叶：绿茶要求采摘细嫩鲜叶，名优绿茶的采摘标准要求更高，一般为单芽、一芽一叶、一芽二叶初展。如西湖龙井的采摘就有"早、嫩、勤"的特点。

杀青：绿茶的关键工序，决定绿茶品质好坏的关键。即利用高温破坏酶的活性，控制茶多酚进一步氧化，保持绿茶"绿叶绿汤"的品质特点。杀青的方式有蒸青和炒青两种，我国绿茶加工多采用炒青杀青，蒸青是我国古代采用的杀青方式之一。

揉捻：揉捻是借助于外力将杀青叶卷曲造型，为炒干造型打好基础，同时破坏叶细胞，挤出茶汁便于冲泡。揉捻有手工揉捻和机器揉捻。

干燥：干燥是绿茶初加工的最后一道工序，其目的是改进绿茶外形，蒸发水分，防止霉变，便于贮藏，发挥香气，提高内在品质。绿茶干燥的方式有炒干、烘干和晒干。

二、绿茶的分类

绿茶因加工工艺和品质特征的差异，分为蒸青绿茶、晒青绿茶、炒青绿茶和烘青绿茶4类（表5-1和图5-1~图5-4）。

表5-1 绿茶的分类

名称	分类依据	产地	代表茶叶	品质特点
蒸青绿茶	杀青方式	日本、中国多省	煎茶、玉露	三绿：干茶翠绿；汤色浅绿；叶底鲜绿 香气：蒸青特有的风味、海苔香 滋味：清鲜
晒青绿茶	干燥方式	中国云南等省份	普洱生茶	干茶色泽黄绿、黄褐、带红；汤色黄亮；叶底黄褐柔软 香气：高爽，有日晒味 滋味：浓醇、醇爽
炒青绿茶	杀青方式	中国多省	大宗茶（炒青）、西湖龙井	干茶茶条紧结、卷曲、色泽深绿；汤色绿亮、叶底绿明 香气：高爽 滋味：醇爽

表 5-1（续）

名称	分类依据	产地	代表茶叶	品质特点
烘青绿茶	干燥方式	中国多省	大宗茶（烘青）、径山茶	干茶茶条较紧结、较卷曲，色泽绿翠；汤色浅绿亮 香气：清高 滋味：清鲜

图 5-1　蒸青绿茶（恩施玉露）

图 5-2　晒青绿茶（滇青）

图 5-3　炒青绿茶（西湖龙井）

图 5-4　烘青绿茶（六安瓜片）

三、绿茶的品质特点

1. 绿茶之形

绿茶外形各异，按加工中造型的方式，可为扁平型、曲卷型、兰花型、大兰花型、针型、片型、雀舌型、束型等（表 5-2）。

表 5-2　绿茶之形

外形	代表茶名
扁平型（形状扁平、光滑）	龙井茶老竹大方等

表 5-2（续）

外形	代表茶名
曲卷型（纤细曲卷、绿翠紧卷或白毫披覆）	碧螺春、径山茶、惠明茶、都匀毛尖、蒙顶甘露、高桥银峰、无锡毫茶等
兰花型（燕尾型、条索状）	安吉白茶、汀溪兰香、紫笋茶、望海茶等
大兰花型（芽叶尖削、舒展自然，成兰花型）	太平猴魁（二叶抱一芽）等
针型（条索紧细圆直，形如松针或银针）	信阳毛尖、南京雨花茶、安化松针绿剑茶、开化龙顶（针）、武阳春雨等
片型（单叶片状，松散平直、完整）	六安瓜片等
雀舌型（单芽扁平，形如雀舌）	黄山毛峰、金山翠芽等
束型	海贝吐珠、黄山绿牡丹等

2. 绿茶之色

绿茶干茶色，以绿色为主，大致可分为嫩绿、苍绿、鲜绿、绿润、墨绿、银绿等颜色。如果绿茶干茶色泽灰绿、灰暗，表明此种绿茶品质较差（表 5-3）。

表 5-3 绿茶之色

颜色	描述	茶名
嫩绿	茶叶嫩度高，干茶色泽、汤色和叶底颜色呈新鲜的浅绿色	蒙顶甘露
苍绿	绿色稍深，泛青	太平猴魁
鲜绿	干茶色泽或叶底颜色鲜绿明亮	安吉白茶
绿润	翡翠般鲜绿	竹叶青
墨绿	深绿，中档绿茶	大宗绿茶
银绿	干茶白毫多，带银灰色光泽	碧螺春

3. 绿茶之香

绿茶清幽淡雅，其香气大致有海藻香、花香、板栗香、毫香、清香、嫩香等（表 5-4）。

表 5-4 绿茶之香

类型	特点
海藻香	干茶的香气和茶汤中有海藻香，春季产的名优蒸青绿茶多有此香味
花香	带有鲜花的香味，产于高山的名优绿茶多具有花香
板栗香	像熟板栗的香，有这种香型的名优绿茶，鲜叶嫩度适中

表 5-4（续）

类型	特点
毫香	多毫嫩芽的名优绿茶特有的毫香。鲜叶白毫越多，茶的毫香越浓
清香	清纯、幽雅、沁人心脾，多数名优绿茶是这种香型
嫩香	新鲜、柔和、幽雅、鲜叶嫩度高的名优绿茶多有此香

4. 绿茶之味

普通绿茶的滋味平和、清淡、浓度不高。名优绿茶的滋味鲜、醇、厚、回甘。

第二节　名优绿茶

一、西湖龙井

1. 西湖龙井及其历史

杭州西湖龙井村是中国最著名的茶叶产地之一。龙井是地名，是村名，是井名，也是茶名。长忆西湖，雨晴烟晚，春暖茶香。龙井，不发酵的绿茶，绿黄两色浑然天成，恰似水墨画般的西湖烟雨，浓淡相宜。

西湖龙井最早可追溯到中国唐代，在茶圣陆羽所撰写的世界上第一部茶叶专著《茶经》中，就有杭州天竺、灵隐二寺产茶的记载。西湖龙井茶之名始于宋，闻于元，扬于明，盛于清。乾隆皇帝六下江南，四次到龙井，据说最后一次来，他定了 18 棵御茶，就在胡公庙前。18 棵御茶一直保留到今天，变成杭州一个非常重要的文化景观。在这 1000 多年的历史演变过程中，西湖龙井茶从无名到有名，从老百姓饭后的家常饮品到帝王将相的贡品，从汉民族的名茶到走向世界的名品，开始了它的辉煌时期。

西湖龙井茶产区，位于西湖区 168 平方千米的区域内，制成的扁形绿茶，为西湖龙井茶。西湖龙井分两个产区，为一级保护区和二级保护区。西湖风景名胜区为一级保护区，如狮峰、龙井、五云山、虎跑、梅家坞等，二级保护区是西湖区的龙坞、转塘、留下、双浦。茶园面积，一级保护区约 520 公顷，二级保护区约 1200 公顷。

2. 西湖龙井制作工序及品质特点

特级西湖龙井茶采摘标准为一芽一叶和一芽二叶初展的鲜嫩芽叶。采摘后经摊放、青锅、理条整形、回潮（二青叶筛分和摊凉）、辉锅、干茶筛分、归堆、收灰等工序加工而成。

品质特点素以"色绿、香郁、味甘、形美"四绝著称。形似碗钉，光滑平直，色翠略黄，似糙米；香气：馥郁持久，似蚕豆香；滋味：鲜爽回甘；汤色：嫩绿、清澈明亮；叶底：嫩匀成朵，嫩绿明亮。

3. 西湖龙井冲泡用水

龙井茶与虎跑泉素称"杭州双绝"。虎跑泉位于浙江杭州市西南大慈山白鹤峰下慧禅寺（俗称虎跑寺）侧院内。相传，唐元和十四年（公元819年）高僧寰中来此，喜欢这里风景灵秀，便住了下来。后来，因为附近没有水源，他准备迁往别处，一夜忽然梦见神人告诉他说："南岳有一童子泉，当遣二虎将其搬到这里来。"第二天，他果然看见二虎跑（刨）地作地穴，清澈的泉水随即涌出，故名为虎跑泉。泉水晶莹甘洌，居西湖诸泉之首，和龙井泉一起并誉为"天下第三泉"。

冲泡西湖龙井茶的最佳用水为虎跑泉水和桶装纯净水，冲泡同一品质的西湖龙井茶进行对比，结果见表5-5。

表5-5　用不同水质的水冲泡西湖龙井对比

阶段	项目	虎跑泉水	桶装纯净水
冲泡前	观水质	水质稠厚	水质薄、折射度高
一泡	香气	板栗香、兰花香，香气浓郁	板栗香，香气浓郁但腻人
	色泽	黄亮	相对浅淡
	滋味	醇厚柔滑，回甘明显	相对青涩，寡薄
	杯底	挂杯香浓郁	挂杯香浅淡
二泡	香气	仍有清香浓郁	明显淡薄
	色泽	较之前淡些，但仍黄亮	明显变淡
	滋味	浓稠润滑	涩感增加，寡淡

二、洞庭碧螺春

1. 碧螺春及其历史

洞庭碧螺春茶产于江苏省苏州市吴县太湖洞庭山。洞庭东山和西山都是太湖中的岛屿，岛上气候温和，冬暖夏凉，空气清新，云雾缭绕，是茶树生长得天独厚的环境。

洞庭山产茶历史悠久，但直到清初都未出名。据清代王应奎《柳南续笔》载：洞庭东山的碧螺峰石壁上长出数株野茶，当地百姓每年采茶季节都要持筐采摘，以作饮用。一年，茶树长势茂盛，采茶人争相采摘，竹筐装不下，只好放在杯中，茶受热气熏蒸，忽发奇香，飘忽不散，茶人惊呼道："吓煞人香"，茶由此得名。清康熙南巡时，游览到太湖洞庭，江苏巡抚宋进献"吓煞人香"茶，康熙品茶后，觉此茶香味俱佳，只是茶名不雅，遂御题茶名"碧螺春"。从此，洞庭碧螺春茶成为贡茶，闻名天下。

2. 碧螺春制作工序及品质特点

碧螺春传统加工工艺流程：鲜叶拣剔、杀青、热揉成型、搓团显毫、干燥。

碧螺春茶的采摘，要求采得早、采得嫩、采得净。采摘时期从春分前开始到谷雨为止。谷雨后采制的不能称为洞庭碧螺春。采摘标准为一芽一叶初展到一芽二叶。传统加工工艺的特点是"手不离锅、茶不离锅、揉中带炒、炒中带揉、连续操作、起锅即成"，全程历时 30min~35min。

洞庭碧螺春是指在《地理标志产品洞庭碧螺春茶》规定的产地内，采摘传统茶树品种或选育适宜的良种进行繁育、栽培的幼嫩芽叶，经独特的工艺加工而成，具有"纤细多毫、卷曲呈螺、嫩香持久、滋味鲜醇、回味甘甜"为主要品质特征的绿茶。

碧落春的主要品质特征为外形条索纤细、色绿隐翠、茸毫披覆、卷曲似螺，具有"蜜蜂腿"特征；内质汤色嫩绿，香气鲜雅、兰韵突出，滋味鲜醇、回味绵长，叶底柔嫩。

3. 碧螺春的冲泡

碧螺春最适宜的冲泡方法是采用玻璃杯上投法。碧螺春也适宜用盖碗泡法：取 3g 左右的碧螺春放进准备好的盖碗中，再用约 85℃ 的沸水冲泡，待茶叶温润闻香后将茶汤倒出，然后像冲泡工夫茶一样，第一泡 45s 以后每泡延续 20s，就能品尝到清香浓郁的碧螺春茶了。

三、恩施玉露

1. 恩施玉露及其历史

恩施玉露产于湖北省恩施市芭蕉乡及东郊五峰山一带，是中国传统名茶。据传，清朝康熙年间，恩施芭蕉黄连溪有一位姓蓝的茶商，他自垒茶灶，亲自焙茶，因制出来的茶叶外形紧圆挺直，色绿如玉，故名恩施玉绿。1936 年，湖北省民生公司管茶官杨润之，在恩施玉绿的基础上，改锅炒杀青为蒸青，其茶不但叶底绿亮、鲜香味爽，而且使外形色泽油润翠绿，毫白如玉，格外显露，故改名为恩施玉露。1945 年，恩施玉露外销日本，从此"恩施玉露"名扬四海。

2. 恩施玉露的品质特点和加工工艺

恩施玉露属于蒸青绿茶，其品质特征为外形条索紧细，匀称挺直，形似松针，光泽油润，呈鲜绿豆色；内质香气清高鲜爽，茶汤清绿明亮，滋味甜醇可口，叶底翠绿匀整。

手工加工工艺流程为：鲜叶保管、蒸青、扇凉、初焙、揉捻、再焙、整形上光、拣选、成品。

3. 恩施玉露的冲泡

（1）注意茶叶用量：3g~5g 的恩施玉露茶叶可冲泡 250mL 左右的茶水，过浓过淡都不好喝。

（2）泡茶水温要把握好：沸水烧后可以放置一会，晾到 85℃ 左右即可。

（3）温杯：提高茶具的温度，在冬天温杯格外重要。

（4）冲泡的手法：将茶叶放入茶壶中，水要自上而下冲入茶，令茶叶翻滚散开，这样茶味能够充分释放，口感也更加均匀。

四、滇青（晒青绿茶）

1. 滇青的历史

晒青绿茶是指鲜叶经过杀青、揉捻以后，利用日光晒干的绿茶。由于太阳晒的温度较低，时间较长，较多地保留了鲜叶的天然物质，制出的茶叶滋味浓厚，且带有日晒特有的香味，谓之"浓浓的太阳味"。晒青绿茶以云南大叶种的品质最好，称为"滇青"，滇青外形条索粗壮肥硕，白毫显露，色泽深绿油润，香味浓醇，极具收敛性，耐冲泡，汤色黄绿、明亮，叶底肥硕。

2. 滇青加工流程

鲜叶：选用优质云南大叶种茶树鲜叶为原料，主要采摘新梢部一芽二叶为主体的鲜叶及相同嫩度的单片叶、对夹叶为好。

摊青：鲜叶采收后进行适度摊凉。摊青宜自然摊放。

杀青：生产云南大叶种晒青毛茶的关键工序，采用平锅手工杀青或滚筒杀青技杀青均可。

揉捻：揉捻过程宜掌握轻揉为主，重揉为辅，把握好"轻—重—轻"的原则，揉时为 5min~10min。

干燥：原则上要求日光晒干。

3. 滇青的冲泡

滇青茶有经久耐泡的特点，除可作一般茶叶冲泡饮用外，还宜作烤茶冲泡饮用。云南民族地区有好饮烤茶的习惯。烤茶，就是将茶叶放入特制的瓦罐里，然后把它放在火塘上焙烤，边摇动瓦罐边焙烤，使茶叶均匀受热而又不致烤焦，待茶叶烤到黄色后，将沸水冲入瓦罐，即可取茶汁饮用（图5-5）。烤茶又浓又香，颇有提神醒脑和消除疲劳等功效。

图 5-5　烤茶茶艺

第三节　绿茶的冲泡

一、冲泡绿茶的茶具

名优绿茶观赏性佳，为了便于冲泡者更好地欣赏绿茶的特点，在冲泡中一般采用玻璃杯为佳。在日常冲泡中，也可以采用盖碗冲泡。采用的茶具不宜较大，因为水量过多，散热慢，会导致茶叶在杯中变软、熟透，产生"熟汤味"。

二、绿茶日常冲泡

要冲泡一杯好茶，须掌握泡茶三要素，即茶水比、冲泡水温和冲泡时间。

1. 茶水比

绿茶冲泡的茶水比以（1∶50）～（1∶60）为宜，即在玻璃杯或盖碗中置入 3g 茶叶，注入 150mL～200mL 水即可。若喜饮浓茶，茶水比可大些，反之，茶水比可小些。

2. 冲泡水温

茶水的温度越高，茶叶中的浸出物溶解得也越多。泡茶水温分为专业评茶水温和日常品茶水温两种。专业评茶用水的温度应为 100℃。日常品茶要考虑入口的滋味和嗅香，所以水温不宜过高，具体水温要根据茶叶的品性来定，一般名优绿茶由于采摘原料细嫩，所以水温宜控制在 80℃ 左右，以保证茶汤的色泽和滋味。随着茶叶品质的降低，叶片也越来越老，因此，水温要求也就越高。

名优绿茶一般可用 80℃～85℃ 水温，大宗绿茶温度略高，可用 85℃～90℃ 水温。具体要根据茶叶的品质和环境温度进行调整，做到"看茶泡茶""看时泡茶"。

3. 冲泡时间

用玻璃杯冲泡绿茶时，第一泡出汤时间应为 1min，采用留根泡法，第二泡、第三泡分别顺延 30s；用盖碗冲泡绿茶时第一泡出汤时间应为 30s；第二泡、第三泡分别顺延 10s。绿茶的冲泡次数为 3 次~4 次。

第四节 指定茶艺（玻璃杯冲泡绿茶技法）

一、指定茶艺考核内容

指定茶艺是全国职业院校技能大赛中华茶艺赛项中的一个环节，包含玻璃杯冲泡绿茶技法、盖碗冲泡红茶技法、紫砂壶冲泡乌龙茶技法三套茶艺，是一个练"功"的项目，重点考察学生茶艺基本功，包括举止礼仪、行为习惯、气质神韵、协调能力、审美情趣、茶汤质量等方面。评分标准主要从以下 5 个方面进行考察：礼仪/仪容、仪表、茶席布置、茶艺演示、茶汤质量、竞赛时间。

二、玻璃杯冲泡绿茶技法流程

备具→备水→布具→赏茶→翻杯→润杯→置茶→浸润泡→摇香→冲泡→奉茶（奉 3 杯）→收具。

1. 备具、备水

长方形茶盘 1 个、无刻花透明玻璃杯 3 个、茶叶罐 1 个、茶荷 1 个、茶道组 1 套、茶巾 1 块、随手泡 1 个、水盂 1 个。玻璃杯冲泡绿茶备具如图 5-6 所示。

2. 布具

用右手提茶壶置茶盘外右侧桌面，双手将茶叶罐放至茶盘外左侧桌面，将茶荷及茶道组端至身前桌面左侧，将水盂、茶巾放至右侧桌面。

3. 赏茶

从茶道组中取出茶匙，用茶匙从茶叶罐中轻轻拨取适量茶叶入茶荷，供客人欣赏干茶、色泽及香气。根据需要可用简短的语言介绍一下将要冲泡的茶叶品质特征和文化背景，引发品茶者的情趣（国赛要求指定茶艺全程不作语言介绍）。

因绿茶（尤其是名优绿茶）干茶细嫩易碎，因此，从茶叶罐中取茶入荷时，应用茶匙轻轻拨取。

4. 翻杯、润杯

从左至右用双手将事先扣放在茶盘上的玻璃杯逐个翻转过来一字摆开，或呈弧形排放，依次倾入 1/3 杯的开水，然后从左侧开始，右手捏住杯身，左手托杯底，轻轻旋转杯身，将杯中的开水依次弃掉。

当面润杯清洁茶具既是对客人的礼貌，又可以让玻璃杯预热，避免正式冲泡时炸裂。

5. 置茶

用茶匙将茶荷中的茶叶——拨入杯中待泡（下投法）。每50mL容量用茶1g。

6. 浸润泡、摇香

用回转斟水法将随手泡中的开水适度倾入杯中，注入量为茶杯容量的1/4左右，水温80℃左右，注意开水不要直接浇在茶叶上，应冲在玻璃杯的内壁上，以避免烫坏茶叶。端起玻璃杯回转3圈，摇香后可供宾客闻香。此泡时间掌握在15s以内。

7. 冲泡

执随手泡以"凤凰三点头"高冲注水，使玻璃杯中的茶叶上下翻滚，有助于茶叶内含物质浸出，茶汤浓度达到上下一致。一般冲水入杯至七成满为宜。此步骤若对于绿茶，则需保持条形的整齐优美，如太平猴魁，则不采取高冲注水，而是采用沿杯壁缓缓倾入的方法。

8. 奉茶

右手轻握杯（注意不要捏杯口），左手托杯底，双手将茶送到客人的面前，放在方便客人提取品饮的位置。茶放好后，向客人伸出右手，做出"请"的手势，或说"请品茶"。

9. 品茶

品茶应先闻香，后赏茶观色，欣赏茶汤澄清碧绿、芽叶嫩匀成朵、旗枪交错、上下浮动、栩栩如生的景象。再细细品啜，寻其茶香与鲜爽，滋味甘醇与回味变化过程的韵味。

10. 收具

把其他用具收入茶盘，撤回。

三、玻璃杯冲泡绿茶技法流程图示（图5-6～图5-22）

图5-6　备具

图 5-7　行礼

图 5-8　布具 1

图 5-9　布具 2

图 5-10　翻杯

图 5-11　赏茶 1

图 5-12　赏茶 2

图 5-13 温杯 1

图 5-14 温杯 2

图 5-15 温杯 3

图 5-16　温杯 4

图 5-17　置茶

图 5-18　浸润泡

图 5-19 摇香

图 5-20 闻香

图 5-21 冲泡（凤凰三点头）

图 5-22　奉茶

四、学生分组训练

练习内容及考核标准见表 5-6。

表 5-6　"2015 年全国职业院校技能大赛高职组'中华茶艺'赛项规程"评分标准

序号	项目	分值	要求和评分标准	扣分点	扣分	实得分
1	礼仪仪表仪容（25分）	5	发型、服饰与茶艺表演类型相协调	穿无袖扣2分。 发型突兀扣1分。 服饰与茶艺明显不协调扣2分		
		10	形象自然、得体，高雅，表演中身体语言得当，表情自然，具有亲和力	头发乱扣1分。 视线不集中或低视或仰视扣2分。 神态木讷平淡，无交流，扣2分。 表情不镇定、眼神慌乱扣2分。 妆容不当扣2分。 其他不规范因素相应扣分		
		10	动作、手势、站立姿势端正大方	抹指甲油扣2分。 未行礼扣2分。 坐姿脚分开扣1分。 手势中有明显多余动作扣2分。 姿态摇摆，扣1分。 其他不规范因素相应扣分		

表5-6（续）

序号	项目	分值	要求和评分标准	扣分点	扣分	实得分
2	茶席布置（5分）	5	茶器具布置与排列有序、合理	茶具配套不齐全，或有多余的茶具，扣2分。茶具排列杂乱、不整齐，扣2分。茶具取用后未能复位扣1分		
3	茶艺表演（45分）	15	冲泡程序契合茶理，投茶量适用，冲水量及时间把握合理	泡茶顺序颠倒或遗漏一处扣5分，两处及以上扣9~10分。茶叶用量及水量不均衡、不一致扣3分。茶叶掉落扣2分。其他不规范因素相应扣分		
		16	操作动作适度，手法连绵、轻柔、顺畅，过程完整	动作不连贯扣3分。操作过程中水洒出来扣3分。杯具翻倒扣5分。器具碰撞发出声音扣2分。其他不规范因素相应扣分		
		10	奉茶姿态及姿势自然、大方得体	奉茶时将奉茶盘放置茶桌上扣2分。未行伸掌礼扣2分。脚步混乱，扣2分。不注重礼貌用语扣2分。其他不规范因素相应扣分		
		4	收具	收具不规范扣2分。收具动作仓促，出现失误，扣2分		
4	茶汤质量（20分）	12	茶的色、香、味、形表达充分	每一项表达不充分扣2分。汤色差异明显扣2分。水温不适宜扣2分。其他不规范因素相应扣分		
		8	茶水比适量，用水量一致	三杯茶汤水位不一致扣2分。茶水比不合适扣2分。茶汤过量或过少扣2分。其他不规范因素相应扣分		

表 5-6（续）

序号	项目	分值	要求和评分标准	扣分点	扣分	实得分
5	时间 （5分）	5	在 7min～13min 内 完成茶艺表演	超时在 1min 内扣 2 分。 超时在 1min～2min 内扣 3 分。 超时 2min 以上扣 5 分。 时间不足相应扣分		
合计						

五、教学视频

登录优酷首页（www.YouKu.com），输入"广州工程技术职业学院茶艺教学—绿茶"检索即可。

★本章小结★

通过对本章的学习，使学习者解绿茶的加工工艺和分类，了解绿茶的名品，能够掌握绿茶冲泡技巧；能够达到初级茶艺师技能要求，完成玻璃杯冲泡绿茶技法。

知识链接

1. http：//open.163.com/special/cuvocw/meilizhongguocha.htmL（网易公开课：魅力中国茶）.

2. http：//www.1mag.cn/5210（茶文化：绿茶的冲泡）.

3. 李洪. 轻松品绿茶［M］. 北京：中国轻工业出版社，2008.

第六章　红茶的品鉴及冲泡

学习目标

1. 了解红茶的起源和发展。
2. 熟悉红茶的分类及品质特点。
3. 掌握红茶的品饮冲泡及指定茶艺盖碗冲泡红茶的技法。

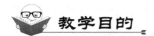

教学目的

1. 掌握红茶的制作流程。
2. 掌握红茶的冲泡要领。

主要内容

认识红茶、红茶的名品、红茶的冲泡、指定茶艺。

案例导入

英国下午茶

一首英国民谣这样唱道："当时钟敲响四下时，世上的一切瞬间为茶而停。"原来在英国，下午4：00~5：00是著名的"Teatime"（饮茶时间）。据说下午茶发端于维多利亚时代。英国贝德芙公爵夫人安娜玛利亚，不能忍受午餐、晚餐之间漫长的等待时间，便请女仆为她准备几片烤面包、奶油及茶在起居室内享用；后来她还邀请几位知心好友同享红茶与精致点心。没想到这样一种轻松惬意的气氛竟演变成为当时贵族社交圈内的新风尚，优雅自在的下午茶文化也成为正统的"英国红茶文化"。

英国饮红茶的讲究，除了它特有的文化氛围外，还有独特的、精美的茶具，茶具多用陶瓷做成，茶具上绘有英国植物与花卉的图案。整套的茶具一般包括茶杯、茶壶、滤勺、广口瓶、砂糖壶、茶巾、保温绵罩、热水壶、托盘，其中托盘种类很多，有银制品、木制品和塑胶制品等。他们喜欢在托盘中铺上一层蕾丝，把托盘点缀得很优雅，从点点细节上都让人感到英国人高雅的品位。

第一节　认识红茶

一、红茶的起源

红茶起源于中国。明末时局动荡，战事频发，有一天一支过境的北方军队临时驻扎在武夷山桐木关（江西入闽的咽喉要道），宿营在茶厂中。当时正值采茶季节，店里堆放了很多茶包，士兵们便把其中相对七八成干度的茶包，铺在地上当床垫用。之后在外躲避的老板待士兵开拔，回来查看时却发现做过床垫的茶青全都变红了。看着这些变红的茶青，老板很无奈，可丢弃它们又有些舍不得，于是让茶工把茶叶揉捻后，用铁锅炒，并用当地盛产的马尾松柴块烘烤。烘干后的茶叶外表呈乌黑油润状，并带有一股松脂的香味，跟绿茶的形色、香气明显不一样。茶厂老板让伙计挑到星村的茶市贱卖，没想到第二年竟有人给出2~3倍的价钱前来订制这种茶。茶厂按照去年的方式如法炮制，慢慢地生意越做越红火了。

红茶就这样在一个偶然的事件中诞生了，而福建武夷山的桐木关，也成了红茶的发源地。虽然作为世界三大饮料之一的红茶的祖籍在中国，也曾在诞生之际创造过举世瞩目的辉煌，但是由于历史的原因，红茶在我国国内一直十分沉寂，新中国成立后也主要以外销为主，当时的国人习惯于喝绿茶、花茶，很少有人喝红茶，甚至根本不知道我国还有那么丰富的红茶品类。直到改革开放后，国人从咖啡馆和写字楼里逐渐开始接触国外的红茶，加之近些年茶文化在国内的日渐回暖，人们才又开始了对红茶的关注。顶级红茶金骏眉的成功入市，为红茶市场升温起到了加热推动作用。于是当年小种红茶留下的红茶"种子"，终于又在我国生根发芽，并发展壮大。

二、红茶的基本加工工艺

红茶的基本加工工艺为鲜叶、萎凋、揉捻、发酵、干燥。其中发酵是红茶的关键工艺。

鲜叶：制作红茶时通常以一芽二三叶为原料，以多酚类含量丰富、蛋白质含量低的鲜叶为佳。

萎凋：鲜叶经过一段时间失水，使一定硬脆的梗叶成萎蔫凋谢状态的过程。随着萎凋时间的延长，鲜叶内含物质的自体分解作用逐渐加强。伴随着鲜叶水分的不断散失，叶片逐渐萎缩，叶质由硬变软，叶色由鲜绿转为暗绿，同时内质发生变化，香味也发生改变，这个过程称为萎凋。其目的是挥发青草气、蒸发水分、便于造型。萎凋的方法有萎凋槽萎凋、室内自然萎凋和室外日光萎凋。

揉捻：茶叶在揉捻过程中形成并增进色香味浓度，同时叶细胞被破坏，便于在酶促作用下进行必要氧化，利于发酵的顺利进行。

发酵：发酵是形成红茶品质的关键工序，红茶发酵的实质，是鲜叶细胞组织受到损伤，确切说，主要是半透性液泡膜受损伤，多酚类化合物得以与内源氧化酶类接触，引起多酚类化合物的酶促氧化聚合作用，形成茶黄素、茶红素等有色物质。与此同时，偶联发生一系列内含物质的化学反应，从而形成红茶特有的香味物质。红茶发酵既不是微生物发酵，也不是单纯的化学氧化，而是依赖于鲜叶内源酶的酶促氧化作用。

干燥：发酵好的红茶立即要烘干，以终止发酵。第一次干燥是毛火，温度110℃~120℃；第二次是足火，温度85℃~95℃。中间摊凉一次。

三、红茶的分类

按照加工的方法与出品的茶形，红茶一般可分为三大类：小种红茶、工夫红茶、红碎茶。

1. 小种红茶

小种红茶（图6-1）是最古老的红茶，红茶鼻祖，其他红茶都是从小种红茶演变而来的。它分为正山小种和外山小种，均原产于武夷山地区。正山小种产于武夷山星村镇桐木关一带，所以又称为"星村小种"或"桐木关小种"。外山小种主产于福建的政和、坦洋、古田、沙县等地。

图6-1　小种红茶（正山小种）

2. 工夫红茶

工夫红茶（图6-2）是以条红茶为原料精制加工而成。注重条索的完整紧结，制作费工费时，因制作精细而得名，是我国特有的红茶品种。按产地的不同、品质有异、制作技术不一，有"祁红""滇红""宁红""宜红""闽红""湖红"等不同的花色，品质各具特色。最为著名是安徽祁门所产的"祁红"和云南省所产的"滇红"。

图 6-2　工夫红茶（滇红）

3. 红碎茶

红碎茶（图 6-3）是小颗粒的红茶，是国际茶叶市场的大宗产品，目前占世界茶叶总出口量的 80% 左右，有百余年的产制历史，而在我国发展，则是近 30 年的事。

图 6-3　红碎茶

四、红茶的品质特点

外形：条索紧细、匀齐的质量好；反之，条索粗松，匀齐度差的次之。

色泽：乌润、富有光泽，质量好。反之，色泽不一致，有死灰枯暗的茶叶，则质量次之。

汤色：红艳明亮，金圈显为佳；欠明亮，浑浊为次。

香气：馥郁、纯正，带有花果香、薯香；香气低闷，有杂味则次之。

滋味：醇厚为优；苦涩、粗淡为次。

叶底：明亮均匀为佳；花青为次，叶底深暗为劣。

第二节 红茶名品

一、正山小种

在英国，早期称最好的红茶为 bohea，bohea 即"武夷"的谐音。17 世纪正山小种漂洋过海来到欧洲，因其产自武夷山，被称为 bohetea，尤为英国皇室所喜爱。在其后的两个世纪，正山小种带动了武夷红茶在英伦的外销扩散，并通过英国人的不断推广，使中国红茶在世界范围得到更广泛的传播。正山小种红茶（表 6-1）最初被称为小种红茶，因其外形乌黑油润被当地人叫作"乌茶"（当地口音念作 wuda）意思是黑色的茶。这和英文称红茶为 black tea 十分贴近。

正山小种，"正山"本宗的界定正山小种诞生之初，当地无论茶农还是茶人都不喝这种红茶，因为在当时传统的绿茶环境里，小种的出现无疑是一个另类，人们也并不看好它。没想到当地人不喜欢的乌茶，却在荷兰和英国备受欢迎，所以那时几乎所有的红茶均是外销。外销的红火，直接促进了武夷红茶生产量的增长和种植区域的扩张。在武夷山周边及福建其他茶区，甚至江西部分茶区也出现了仿制的正山小种"江西乌"。但是仿制的小种在品质上还是与正品略有不同，于是才有了"正山"与"外山"的界定。

所谓"正山"的含义，据《中国茶经》所载是"真正高山地区所产"之意，而正山的范围界定是以庙湾、江敦为中心，北到江西铅山石陇，南到武夷山曹墩百叶坪，东到武夷山大安村，西到光泽司前、干坑，西南到邵武观音坑，方圆 600km^2。而"外山小种"指的是政和、屏南、古田、沙县及江西铅山等地所仿制的小种红茶，统称为"人工小种"或"外山小种"。有的将低级工夫红茶熏烟制成小种工夫，称"烟小种"，也叫"假小种"。所以只有产于福建崇安县星村镇桐木关等"正山"产区的小种红茶，才能称为正山小种（也称"桐木关小种"或"星村小种"）。

表6-1 正山小种红茶的风味特色及鉴赏

外形	条索肥壮重实，紧结圆直，色乌黑油润
滋味	滋味醇厚甘滑，以桂圆、干果味为主要特色
香气	带有浓郁的松香气味，香味醇厚。通常存放一两年后松烟香，进一步转换为干果香
汤色	红艳浓醇。呈现淡淡的红褐色
叶底	厚实光滑，呈独有的古铜色
品饮方式	可直接清饮，也可加入牛奶成奶茶；或加入少量白兰地，风味更为别致

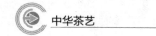

二、金骏眉

2005 年 7 月，正山茶业的创始人、正山小种第 24 代传人江元勋首先与茶厂制茶师傅梁骏德、江进发、胡结兴一道，用采来的芽头成功试制金骏眉（表6-2），做出来的茶叶汤色金黄透亮、香气浓郁。而后又经过对品种选择、采摘时间、制作工艺的反复试验改良，金骏眉终于日趋完美，2006 年基本定型，并少量上市，2007 年开始批量订购，2008 年正式投放市场并迅速成为红茶中的佼佼者，备受追捧，当然价格更是不菲。金骏眉的诞生不仅结束了红茶没有高端顶级产品的历史，同时也让其他传统工夫红茶看到了国内红茶市场的消费潜力和希望，从而带动了红茶市场的升温。

金骏眉的命名有其特定的深厚含义，所谓"金"有三层寓意，首先是金骏眉汤色金黄，干茶黄黑相间；二是金骏眉以芽头为原料，制作一斤茶需用七八万颗芽头，原料金贵难得。"骏"是指干茶外形似海马（中药）状，而金骏眉诞生的武夷山自然保护区，也是高山峻岭、环境优异，优良的生态环境造就了金骏眉独一无二的生态品质。"眉"表示金骏眉采用芽头制作红茶的冲泡而茶芽又形似眉。金骏眉这三个字象征着它系出名门、天生贵胄，是茶中可遇不可求的至珍（注：金骏眉现在为通用名称，其命名含义亦可参见其他茶企释意，如骏德茶业）。

表6-2　金骏眉的品质特征鉴定

外在品质特征	条索	正品金骏眉干茶条索紧结纤细，圆而挺直，稍弯曲； 茸毛密布，有锋苗；身骨重，匀整
	色泽	均匀、油润，金黄黑相间，乌中透秀黄、 带有光泽，不含杂物，净度好
内在品质特征	香气	干茶香气清香；热汤香气清爽纯正；温汤（45℃）薯香细腻， 有山韵；冷汤清和优雅，香气清高持久
	汤色	汤色金黄华贵，清澈透亮，有光泽，金圈宽厚明显，久置有乳凝，浆呈亮黄色
	滋味	清和醇厚，带有甜味，回甘明显持久，品质优，无论热品冷饮皆绵顺滑口
	冲饮	在好水、沸水、快水冲泡情况下，连续冲泡 12~13 次， 汤色仍较好，仍有余香余味，10 泡之内都是茶的精华
	叶底	叶底明亮，色如古铜，芽叶肥壮，粗细长短均匀， 形如松针，手捏柔软有弹性

三、祁红

祁红，亦即祁门工夫红茶，历史上关于它的创始人与创制过程，有着三个不同的版本，分别是"胡氏说""余氏说"和"陈氏说"，目前比较被认同的是前二者，以及由二者综合演绎的一个猜测。

"胡氏说"是根据清朝的大清 119 号奏折而来：安徽改制红茶，权兴于祁、建，而祁、建有红茶，实肇始于胡元龙。胡元龙为祁门南乡贵溪人，于咸丰年间即在贵溪开辟荒山五千余亩，兴植茶树。光绪元年、二年，因绿茶销路不畅，特考察制造祁红之法，首先筹资六万元，建设日顺茶厂，改制红茶，亲往各乡教导园户，至今四十余年，孜孜不倦。

"余氏说"根据《祁红复兴计划》（1937 年出版）所载：1876 年余某（余某即余干臣）来祁设分庄于历口，以高价诱园户制造红茶，翌年复设红茶庄于闪里时复有同春荣茶栈来祁放汇，红茶风气因此渐开。

"陈氏说"始见于《杂记》一书，此书逸失，持此说者不多。

虽然"胡氏说"与"余氏说"的来源不同，但二者关于祁红创制的年份都可以确定为 1875 年，因此胡云龙的后人胡益谦先生将二者的信息综合，提出了自己的观点，他认为，余干臣当年建议祁门仿制红茶，但当地人守旧无人去做，而胡云龙第一个响应自办茶厂试制红茶，祁红这才诞生。

祁红（表 6-3）因独具的似花、似果、似蜜的"祁门香"闻名于世，与大吉岭、锡兰乌瓦并列为世界三大高香红茶，有"群芳最"之美誉。祁红自诞生之始便以其优异的品质和独特的风味蜚声国际市场，曾于 1915 年荣获巴拿马万国博览会金奖，1987 年祁红首度在新中国成立后走出国门，荣获布鲁塞尔第 26 届世界优质食品评选会金奖。此外，祁红更是数次在国家级的评比中，赢得金奖或优质产品荣誉，被列为中国的国事礼茶招待各国贵宾。邓小平同志视察黄山时曾赞誉"你们祁红世界有名"。

表 6-3 祁红的特征鉴赏

外在品质	条索	紧细匀整、锋毫秀丽
	色泽	乌润
内在品质	香气	馥郁、持久，上品具兰花香、果香（祁门香）
	汤色	红艳、明亮
	滋味	甘鲜醇厚
	叶底	鲜红明亮

四、滇红

滇红诞生在一个特殊的时代背景下，1938 年第一斤滇红诞生在云南的顺宁，即现如今的凤庆县。当时因日寇侵略，长江以南的安徽、福建等茶区相继沦陷，为了恢复红茶出口，赚取外汇购买军用物资抗战，必须开辟新的红茶产区，滇红正是在这种大时代背景下诞生的。

滇红试制成功后，在抗战时期作为战略储备物资全部用于出口，一吨红茶可换回十几吨钢材，为抗战立下赫赫功勋。最初冯绍裘打算将这种红茶定名为"云红"，意在与安徽祁门红茶"祁红"、江西宁州红茶"宁红"相区别，但最终云南茶叶公司接受香港富华公司的建议，改"云红"之名为"滇红"，取云南"滇"之简称，与云南名胜高原明珠滇池相辉映。

20世纪50年代，凤庆生产的滇红曾全部出口苏联赚取外汇，"一吨滇红换十吨钢"是当时的真实写照。1958年国家指定特级滇红为外交礼茶，专供驻外使馆。1986年，云南省省长馈赠到访的英国女王伊丽莎白的礼品中，就有滇红金芽茶。

在云南原产的大叶种茶树的三个品系中，凤庆本地的凤庆大叶种尤适合制作高档红茶，并经过多年科研培育了多种更优的植株，开始在云南、四川等茶区引种。滇红属大叶种红茶，外形条索肥硕雄壮，色泽乌润，金毫特显；味道更为浓烈、厚重；汤色橘红、通体明艳，如果用白瓷杯可看到杯缘有一道金圈，冷汤具有代表质优的冷后浑现象。

滇红的产地不同，品质也略有差异（表6-4），其毫色分别呈淡黄、菊黄、金黄，香气也各具浓郁型或花香型。其中凤庆、云县的滇红毫色菊黄、香气高长，有的带花香，滋味浓而爽；勐海、双江的则毫色金黄、香气浓郁，滋味浓厚，刺激性强烈，回味不及凤庆滇红醇爽。同时春、夏、秋三季分别制作的滇红，其色味香气也微有差异。外销的红碎茶口感更加强悍，通常加入糖、牛奶、蜂蜜等调饮。在云南当地甚至发明了一种加入年份干邑的调饮法，堪称中西合璧的搭配了。

表6-4 滇红的特征鉴赏

外在品质	条索	紧结，肥硕雄壮
	色泽	乌润，金毫特显
内在品质	香气	馥郁、厚重、高长
	汤色	红浓、明亮
	滋味	浓厚、鲜爽

五、英红

1959年，英红诞生于广东英德，其创制过程可以说与当时的时代背景不无关系。20世纪50年代中期，从云南引进的大叶种茶树，在英德茶场试种成功，英德掀起开荒种茶的热潮。到了20世纪70年代，英德的茶园面积与茶叶年产量在国内茶叶生产基地中已经名列前茅。也正是在这个大环境下，英德集结全省的茶叶科技资源，并在中茶公司等协助下，试制红茶并获得成功，随后经过对初制加工技术的系统改进，到1964年工艺基本定型。英红一投放市场，就博得国内外各方的赞誉，成为中国红茶的后起之秀，堪与印度、斯里兰卡红茶媲美。

英德茶区峰峦连绵、江河贯穿、景色秀美，在地势开阔的丘陵缓坡上茶园依势而建。英德属南亚热带季风气候，年均气温20℃左右，降水量丰沛，湿度尤大，无霜期极长；土层深厚肥沃，土壤酸度适宜，尤适合茶树生长。英德种茶有着悠久的历史，可以追溯到 1200 多年前的唐代。茶圣陆羽在其所著的《茶经》中，评价岭南包括英德等州所产之茶"其味极佳"。

英德红茶（表 6-5）虽然属于当代新秀，但优异的品质与优越的自然环境及悠久的茶区历史不无关系。此外，英红选用云南大叶、凤凰水仙等树种鲜叶，为其香高味浓的品质奠定了良好的基础。英德红茶外形紧结重实，色泽油润，香气鲜纯浓郁，花香明显，滋味浓、厚、润，汤色红艳明亮，叶底柔软红亮，清饮或加奶、糖调饮，均很适宜。

1959 年，中国茶叶研究所曾致函评价英红："英德红茶品质具有外形色泽乌润细嫩；汤色明亮红艳，滋味醇厚甜润，具有祁红的鲜甜回味，香气浓郁纯正，叶底鲜艳，较之滇红别具风格。"

表 6-5　英德红茶感官品质指标

花色	等级	外形	内质			
			香气	汤色	滋味	叶底
金毫茶	特等	匀秀、金毫满枝、金黄油润	嫩浓芬芳	红艳明亮	鲜醇爽滑	全芽、铜红明亮
	一等	紧秀，芽毫金黄，嫩叶乌润	嫩浓芬芳	红艳明亮	鲜醇爽滑	嫩匀、铜红明亮
红条茶	特级	紧结，金毫显露，色润	鲜爽持久	红艳亮	醇滑	嫩匀、红亮
	一级	肥嫩紧实，多金毫锋苗好，乌润，匀净	甜浓	红艳金圈大	醇厚	肥嫩匀、红艳明亮
	二级	肥嫩紧结，有锋苗，乌润，显金毫，带嫩梗，匀净	鲜浓	红艳	浓醇	柔软、红匀明亮

<h1 style="text-align:center">第三节　红茶的冲泡</h1>

目前，红茶主要有清饮和调饮两种方式。清饮法是我国饮用红茶的主要方式，即茶汤中不加任何调味品，保持红茶固有的香气、滋味。调饮法是指茶汤中加入其他调料以佐汤味的方式，常见在茶汤中加入蜂蜜、柠檬、牛奶、酒等，红茶兼容并蓄，包容性强，适合调饮。

一、冲泡红茶的茶具

美器配佳茗，在购得了一款好红茶的同时，还得去寻觅一套精美的茶具。中式红

· 97 ·

茶茶具见表6-6。

表6-6　红茶冲泡茶具

类型	材质	配套	备注说明
茶壶	陶瓷、玻璃、紫砂、金属（不锈钢、锡、银）等	茶匙、茶滤、品茶杯、公道杯	不同材质的茶壶、公道杯、茶杯会带来不同的泡茶效果和感受，例如紫砂壶的透气性和对茶香的蕴化、白瓷壶的保温及对红茶色泽的映衬，玻璃壶可以观察到茶叶、汤色在壶内的变化，但保温性略逊于紫砂壶和陶瓷壶，铁壶不适合泡红茶，因为铁易与红茶中的成分产生化学反应，使汤色变黑、口味变差
盖碗	陶瓷、玻璃	茶匙、茶滤、公道杯、品茗杯	用盖碗可以更直观地欣赏红茶的冲泡过程、汤色变化、叶底特征，而且方便清洁
茶杯	陶瓷、玻璃	品茶杯	适合在办公室、酒店等场合使用，一般在泡茶包或简单喝红茶时使用，需要特别说明的是，在使用白瓷或青花瓷的茶杯品饮时还能观赏到红艳的汤色效果，玻璃茶杯可以让饮者透过光线去欣赏汤色的清澈红亮
其他	陶瓷、玻璃	品茶杯	目前市场上有新型的集合茶具，将壶与茶滤、公道杯集于一体，可以简化繁琐的泡茶程序，如飘逸杯，尤其适合喜欢红茶但却没时间去慢慢冲泡的年轻人、上班族使用

二、水的温度

在泡红茶的过程中，水温成为影响茶叶滋味和香气的重要因素之一。一般水温越高，茶中所含各种物质被溶出得越多，茶汤就越浓，反之水温低，溶解度就小，汤色也较淡。我们平时喝的小种和工夫红茶，因为等级质量的关系，泡茶最适宜的水温是90℃～95℃，而且冲泡时间不宜长。水温也是检验红茶品质的一个很好的方法，因为好茶不怕开水泡。

对于国外红茶，像斯里兰卡产区的红茶，涩味会较明显，可以使用80℃～90℃的热水冲泡，虽然滋味不如沸水那么浓烈，但口感会更柔和。另外，水煮沸的时间长了，或者反复煮沸，也会使水中的含氧量迅速降低，不能充分引导出红茶的香气以致影响口感。

三、水与茶的比例

茶和水的比例不同，泡出来的茶味也会有些差别。

茶、水的量取决于以下两个方面：首先是泡茶的壶或盖碗大小，以及几个人来喝。

对于小种和工夫红茶来说，通常 3g~5g 是比较惯常的投茶量，很多红茶的小包装也是以此量为标准。个人喝茶的话，3g 比较适宜，水则需要 150mL 左右，即 1g 茶 50mL 水的比例比较适度。但是品饮国外红茶时，3g~5g 的茶叶则需要 300mL~400mL 的水量，同时还要根据红茶的分级情况，如碎茶还是末茶，其次是每个人对茶的浓淡喜好不同，可以根据容器的大小，适量调整茶与水的比例，泡出自己喜欢的浓淡。要找到更适合自己的茶与水的比例，还需要在泡茶过程中不断地去总结和调整。

四、冲泡时间

冲泡时间的长或短，也会对红茶的味道、香气产生不同的影响；时间短则味道淡、香气不高，如果时间长了，茶汤也会过于浓重，滋味偏苦涩，香气也变得涣散。

品饮小种和工夫红茶时，如果是以嫩芽为原料做的红茶，时间宜短，叶老及粗大者时间可稍延长。从第二、第三泡起，每次时间比上泡适度顺延。如果是比较随意地品饮，可以少放些茶多泡会也没关系。

红茶的冲泡次数因茶的品质级别及每次泡茶时间而有所差异，通常的情况下可以泡 3~5 次，如果品质比较优异，每次出汤比较快，则八九泡甚至十几泡都没问题。确认红茶能否继续再泡可以通过茶味的浓度感知，另一方面可以闻一下叶底是否还有茶香气。

如果使用瓷壶的话，国外红茶的冲泡时间需要 3min~5min，可以根据干茶的情况进行调整，譬如对于比较整、紧、重的产品可以适度地延长，反之则缩短；涩味比较明显的，可以将时间稍微缩短，因为这时涩味还未溶解，茶汤的滋味会更加清爽些。

第四节　指定茶艺（盖碗冲泡红茶技法）

一、指定茶艺考核内容

指定茶艺是全国职业院校技能大赛中华茶艺赛项中的一个环节，包含玻璃杯冲泡绿茶技法、盖碗冲泡红茶技法、紫砂壶冲泡乌龙茶技法三套茶艺，是一个练"功"的项目，重点考察学生茶艺基本功，包含举止礼仪、行为习惯、气质神韵、协调能力、审美情趣、茶汤质量等方面。评分标准主要从以下 5 个方面进行考察：礼仪/仪容、仪表、茶席布置、茶艺演示、茶汤质量、竞赛时间。

二、盖碗冲泡红茶技法流程

备具→备水→布具→赏茶→温盖碗→温盅及品茗杯→置茶→浸润泡→摇香→冲泡→倒茶、分茶→奉茶→收具。

1. 备具、备水

长方形茶盘 1 个、随手泡 1 个、竹席 1 个、水盂 1 个、盖碗 1 个、茶滤 1 个、茶滤托 1 个、杯托 3 个、茶巾 1 条、茶荷 1 个、茶叶罐 1 个、茶道组 1 个。盖碗冲泡红茶技法备具见图 6-4。

2. 布具

将随手泡端放在茶盘右侧桌面，将茶道组端放至茶盘左侧桌面上，将茶叶罐捧至茶盘左侧桌面，将水盂、茶巾放至右侧桌面，将盖碗摆放在身前桌面上，将 3 个茶杯匀放在桌面左侧，与茶漏、公道杯相对应。

3. 翻杯润具

从左至右逐一将反扣的品茗杯翻转过来。

4. 赏茶

从茶道组中取出茶匙，用茶匙从茶叶罐中轻轻拨取适量茶叶入茶荷，供客人欣赏干茶、色泽及香气。

5. 温盖碗、温盅及品茗杯

用随手泡温盖碗和公道杯，用公道杯里的水温品茗杯。

6. 置茶

用茶拨将茶荷里的茶拨取适量，置入盖碗。

7. 悬壶高冲

以回转低斟高冲法斟水，使茶充分浸润。

8. 分茶

分茶，将每杯都斟至七八分满。

9. 奉茶

可采取双手、单手从正面、左侧、右侧奉茶，奉茶后留下茶壶，以备第 2 次冲泡。

10. 收具

将其余器具收到盘中撤回。

三、盖碗冲泡红茶技法流程（图6-4～图6-23）

图6-4 备具

图6-5 行礼

图6-6 布具1

图 6-7　布具 2

图 6-8　翻杯

图 6-9　赏茶 1

图 6-10　赏茶 2

图 6-11　温具 1

图 6-12　温具 2

图 6-13　温具 3

图 6-14　温具 4

图 6-15　温具 5

图 6-16　置茶

图 6-17　浸润泡

图 6-18　摇香

图 6-19　冲泡

图 6-20　温杯（冲泡过程中）

图 6-21　出汤

图 6-22　分茶

图 6-23　奉茶

四、学生分组训练

练习内容及考核标准见表 5-6。

五、教学视频

登录优酷首页（www. YouKu. com），输入"广州工程技术职业学院茶艺教学—红茶"检索。

本章小结

通过对本章的学习，使学习者了解红茶的加工工艺和分类，了解红茶的名品，能够掌握红茶冲泡技巧；能够达到初级茶艺师技能要求，完成盖碗冲泡红茶技法。

 知识链接

1. http：//open. 163. com/special/cuvocw/meilizhongguocha. htmL（网易公开课：魅力中国茶）.

2. http：//chadao. edaocha. com/20170620/137636＿ 1. htmL（茶道网：三个步骤教你泡出大师级的红茶）.

3. 程启坤. 祁门红茶［M］. 福州：福建科学技术出版社，2008.

第七章　乌龙茶的品鉴及冲泡

学习目标

1. 掌握乌龙茶加工制作工序。
2. 了解乌龙茶的分类及其品质特点。
3. 能够识别乌龙茶名品，如武夷岩茶、安溪铁观音、凤凰单丛、冻顶乌龙。
4. 掌握乌龙茶的冲泡方法以及指定茶艺紫砂壶冲泡乌龙茶技法。

教学目的

1. 掌握乌龙茶制作流程。
2. 能分辨乌龙茶的名品。
3. 掌握乌龙茶的冲泡技巧。

主要内容

认识乌龙茶、乌龙茶品鉴、乌龙茶的冲泡、指定茶艺（紫砂壶冲泡乌龙茶技法）。

案例导入

一天，几位客人走进茶艺馆，茶艺师向几位客人推荐了铁观音。在冲泡过程中，茶艺师请客人品闻铁观音茶香。这时候，有位客人说："茶叶怎么会这么香？你这个明显是加了香精的。"

如果你是茶艺师，如何向客人解释铁观音香气的形成？如何指导客人鉴别铁观音的真假？

乌龙茶，英文为 Oolong tea，亦称青茶、半发酵茶，起源于明末清初，属于半发酵茶，是经过采摘、萎凋、摇青、炒青、揉捻、烘焙等工序后制出的品质优异的茶类。在中国的许多地方都有乌龙茶的种植与加工，主产地是福建、广东、台湾，安溪铁观音、武夷岩茶、凤凰单丛、台湾乌龙茶是主要产品。

第一节　认识乌龙茶

一、乌龙茶的加工方式及品质特点

乌龙茶属半发酵茶，发酵程度介于红茶与绿茶之间。与其他茶类相比，乌龙茶具有独特的加工工艺——做青，这是形成乌龙茶天然花果香浓郁、滋味醇厚品质特征的最关键工序。随着乌龙茶的传播和科技的发展，不同产地和茶树品种，乌龙茶加工工艺有一定的差异，从而使乌龙茶呈现出品类和风格的多样化。乌龙茶按加工工艺可分为三种类型，第一种为闽北与广东乌龙茶，第二种为闽南浓香型乌龙茶，第三种为我国台湾包种茶和闽南清香型乌龙茶。但总体来讲，乌龙茶初制流程基本一致，即鲜叶萎凋、做青、炒青、揉捻（或包揉）、烘焙、毛茶。

乌龙茶基本加工工序：鲜叶、萎凋（晒青）、做青（摇青、凉青）、炒青、揉捻（包揉）、干燥。

鲜叶：鲜叶原料既不能太嫩，也不能太老，开面采（茶叶芽新梢长到一定成熟度，形成驻芽后，叫开面）。

萎凋：萎凋（晒青）是绿叶散失部分水分，叶质变得柔软，是叶中含的多种化学成分和芳香物质发生变化，草气减弱，香气显露。

晒青，即日光萎凋，一般是下午4：00~5：00，时间20min~50min，长短视阳光强度和温度高低决定，所谓"看青晒青，看天晒青"。

做青：做青（摇青）是乌龙茶加工的关键工序，是形成乌龙茶品质特征的关键工序，做青由摇青和凉青两个步骤组成，反复多次交替进行。目前多采用竹制圆筒式摇青机或综合做青机。通过摇青，适度地破坏叶片边缘的细胞组织，使细胞液中的各种物质与叶片中的酶接触，发生酶促作用，即发酵，使细胞破损，部分颜色呈黄色、红色，从而呈现出"绿叶红镶边"的特点；而凉青的时候，叶片中部分水分散失，可提高叶片细胞液的浓度，有利于发酵。

炒青：乌龙茶炒青原理与绿茶基本一致，即通过高温，在较短时间内破坏多酚氧化酶活性，制止酶促氧化作用，防止做青叶继续氧化，巩固做青形成的品质。

揉捻：趁热进行揉捻或包揉。武夷岩茶、广东乌龙、台湾乌龙为条索形，炒青后经揉捻即可成形。铁观音、冻顶乌龙等颗粒型，在炒青后必须要经过包揉。

二、乌龙茶的分类

乌龙茶产区分布于福建、广东和台湾三省。青茶制法由福建安溪创制，先传入闽北，后传入台湾。乌龙茶分为闽南乌龙、闽北乌龙、广东乌龙和台湾乌龙。

1. 闽南乌龙

　　闽南乌龙（图7-1）做青程度稍轻，又有包揉工序，即用布巾包裹杀青叶，在包揉机上多次、反复揉捻，形成卷曲或圆结颗粒形状。闽南乌龙茶按茶树品种分为铁观音、黄金桂、毛蟹、丹桂、水仙、佛手、肉桂等闽南乌龙茶。总的特征是：外形紧结、沉重、卷曲，呈青蒂、绿腹、蜻蜓头，色泽油润，稍带砂绿。香气浓郁清长，汤色金黄、橙黄明亮，滋味浓厚回甘，叶底柔软。

图7-1　闽南乌龙（铁观音）

2. 闽北乌龙

　　闽北乌龙（图7-2）以武夷岩茶为代表，外形条索肥壮紧实匀整，叶端扭曲，叶背起蛙皮状砂粒，俗称"蛤蟆背"，色泽青褐油润呈"宝光"；内质香气馥郁隽永，胜似兰花而深沉持久，具特殊的"岩韵"，滋味浓厚回甘，润滑爽口，汤色橙红，叶底"绿叶红镶边"，呈三分红七分绿。代表品种：武夷岩茶（大红袍、水仙、肉桂、白鸡冠、水金龟、铁罗汉等）。

图7-2　闽北乌龙（大红袍）

3. 广东乌龙

广东乌龙（图7-3）的采制方法由福建省传入，制法较接近武夷岩茶，外形也与武夷岩茶较为相似。广东乌龙茶的花色品种有凤凰水仙、单丛、浪菜、乌龙、色种等。广东乌龙的香型可分为蜜兰香、桂花香、杏仁香、黄枝香、芝兰香、肉桂香、玉兰香、通天香等。近年来也有新的香型命名，如鸭屎香（现名为银花香）。

图7-3　广东乌龙（单丛）

4. 台湾乌龙

早在17世纪的荷兰殖民统治时期，便有台湾野生茶树的记录，乌龙茶却是源于福建，只是福建乌龙茶制作工艺传到台湾后，经过200多年的演变和发展，再加上台湾特有的土壤、气候等自然条件培育出的乌龙茶茶叶原料，使得市场上流通的台湾乌龙茶具有自己的风格与特征。根据发酵程度和工艺流程的区别，可将台湾乌龙茶主要分为轻发酵的包种茶和重发酵的台湾乌龙两类。

第二节　乌龙茶品鉴

一、铁观音

外形：条索肥壮，紧结或圆紧，结实沉重，枝身圆，梗皮红亮，枝心硬，枝头皮整齐，俗称"腰鼓筷"，叶柄宽，肥厚，叶大都向叶背卷起，色泽乌润，砂绿明显，红点鲜艳，称为"名胶色"（乌润），"香蕉色"（翠绿），"芙蓉色"（咖啡碱升华而滞留叶表呈粉白色）。

内质：香气浓馥持久，音韵明显，带有生人参味或花生仁味、椰香味，并带兰花香或桂花香；滋味醇厚鲜爽，回甘，稍带甜蜜味或水果酸甜味；汤色金黄、橙黄；叶底肥厚，柔软，黄绿色，红点、红边鲜明，叶面光亮，带波浪状，称为"绸缎面"，叶椭圆形，叶齿粗深，叶尖略钝，叶脉肥壮，少量叶子上部叶脉向左歪，叶柄肥壮，叶底有余香，耐冲泡。

二、大红袍

武夷山大红袍被誉为"茶中之王"，居武夷岩茶"名丛"之首，享誉海内外。大红袍优异品质离不开得天独厚的地理环境，其生长在武夷山九龙窠岩石峭壁上，这里日照短，多反射光，昼夜温差大，岩顶终年有细泉浸润流淌。

大红袍特征：干茶外形条索紧结壮实、稍扭曲，色泽褐绿、润、带宝光色，汤色橙黄至橙红，清澈亮丽，滋味醇厚回甘，岩韵明显，杯底有余香，香气锐浓而悠长，耐泡，叶底软亮匀齐，带砂色或具红绿相间的绿叶红镶边，用手捏有绸缎般的质感。陈茶汤色更红艳。

三、水仙

水仙是武夷岩茶的一个当家品种。武夷山景区由于其得天独厚的自然环境，促使水仙品质更加优异。水仙茶树树冠高大，叶宽而厚，成茶外形肥壮紧结、有宝光色，冲泡后带兰花香，浓郁醇厚，汤色深橙，耐冲泡，叶底黄亮带朱砂边，为武夷岩茶中的传统珍品。

水仙有数百年的栽培历史，目前是武夷岩茶中产量最高、流行最广的品种之一。水仙是大叶型品种，干茶条索粗壮肥硕，芳香悠长，香浓而不腻，淡而幽雅，香醇持久，极为耐泡。根据加工工艺分为轻火水仙、中火水仙、重火水仙等，根据采茶季节分为春茶水仙和冬片水仙两种，因求品质，一般只作春茶，冬茶产量较低。

据说水仙品种原产于福建建阳水吉的祝仙洞，约在光绪年间传入武夷山，发现栽培至今约有100多年的历史，是武夷山岩茶栽培面积最多的品种之一，几乎遍布武夷山所有的茶场。但在众多的山场中，以三坑两涧的正岩水仙品质最佳，其次为景区内的水仙，外山的茶场的水仙也能制出优良品质。

四、肉桂

肉桂的香气滋味似桂皮香。肉桂虽是近年才出名，但长期以来位于武夷名丛之列，有悠久的历史，清代的蒋衡茶歌中就提起过它。肉桂产于武夷山境内著名的风景区，最早是武夷山慧苑坑的一个名丛，另一说是肉桂原产在马枕峰。在20世纪40年代初期，肉桂虽已引起人们的注意，但由于当时栽培管理不善，树势衰弱，未得以重视和繁育。从20世纪60年代初期起，由于在单丛采制中对其优异的品质特征有新的认识，武夷肉桂才逐渐开始繁育并扩大栽种面积。通过多次反复的品质鉴定，至20世纪70年代初，该品种高产优质的特性才被肯定，逐渐得到更多茶人的肯定和青睐。

现肉桂种植区已发展到武夷山的水帘洞、三仰峰、马头岩、桂林岩、天游岩、仙掌岩、响声岩、百花岩、竹集、碧石、九龙窠等地，肉桂已成为武夷岩茶中的主要品种之一，如牛栏坑肉桂叫"牛肉"、马头岩肉桂叫"马肉"等。

肉桂外形条索匀整卷曲，色泽褐禄，油润有光，干茶嗅之有甜香，冲泡后茶汤具桂皮香，入口醇厚回甘，咽后齿颊留香，茶汤橙黄清澈，叶底匀亮，呈淡绿底红镶边，冲泡六七次仍有"岩韵"的肉桂香。

五、宋茶

宋茶位于海拔高度 1150m 的乌管区李坪村的茶园里，生长在坐西南朝东北的山坡上，由南宋末年村民李氏经选育后传至今天，故得名。该树因种奇、香异，树老，名字也多变。初因叶形宛如团树之叶，称为团树叶。后经李氏精心培育，形比同类诸茶之叶稍椭圆而阔大，又称大叶香。1946 年，凤凰有一侨商于安南（今称越南）开一茶行，出销这一单丛茶时，以其生长环境之稀有、茶味香的特点，将其取名为"岩上珍"。1956 年，经乌崀村生产合作社精工炒制后，仔细品尝茶中带有栀子花香，遂更名为"黄枝香"。1958 年，凤凰公社制茶四大能手带该成品茶往福建武夷山交流，用名为"宋种单丛茶"。1959 年，"大跃进"时期，为李仔坪村民兵连高产试验茶，故又称"丰产茶"。1969 年春，因"文革"之风改为"东方红"，1980 年，农村生产体制改革后，此茶由村民文振南管理，遂恢复宋种单丛茶之名，简称宋茶。1990 年，因树龄高、产量高、经济效益高而被世人美称为"老茶王"。同年 10 月 30 日，在全国茶叶优质、高产、高效益经验交流会上，来自 17 省市的 80 多位代表观赏该树，赞叹不已，"老茶王"之名当之无愧。

该树龄达 700 年，树高 5.8m，树姿半开张，树冠 6.5m×6.8m。1963 年春，采摘青叶 35kg，制成干茶 8.9kg，为历史最高产量。其茶品具有"四绝"（形美、色翠、味甘、香郁）的特点，深受人们欢迎，因而驰名古今中外，实为乌崀山一宝。

品质特点：宋茶属于黄枝香型，内质香气浓郁，花香明显，汤色金黄滋味甘醇，回甘强，老丛韵味突出，叶底软亮，绿腹红边。

六、文山包种茶

适制品种以青心乌龙最优，四季春、台茶 12 号（金萱）、台茶 13 号（翠玉）、台茶 14 号（白文）等种亦佳。

文山包种茶属轻萎凋轻发酵茶类，不论是加工层次，还是加工手法，制茶师傅都是小心翼翼，轻手轻脚，使文山包种茶大部分的成分未被氧化，使其风味介于绿茶与冻顶乌龙茶之间。包种茶盛产于台湾省北部的新北市和桃园等县，包括文山、南港、新店、坪林、石碇、深坑、汐止等茶区。以文山包种茶为最佳，南港包种茶次之。

茶外观：呈条索状，色泽墨绿，泡开后嫩叶金边隐存，叶片上带有似青蛙皮的灰白点色泽。

茶汤色：蜜绿鲜艳带金色，以亮丽的绿黄色为佳。

茶滋味：味醇鲜活，入口生津，喉韵持久。

茶香气：香气是评价文山包种茶质量好坏的重要指标，花香明显，优雅清扬。

七、东方美人茶

因其茶芽白毫显著，得名白毫乌龙茶。又因其售价高达一般茶价的 13 倍，也称椪风茶、膨风茶（闽南语及客家语中的膨风、椪风就是吹牛的意思，此处意指价格虚高）。因其外销英国后，从外形到其特殊的蜜香果味大受肯定，又被称为东方美人茶（图7-4）、台湾香槟。其茶大部分生长在新竹峨眉乡、北埔乡、横山乡及竹东镇一带和苗栗的头屋、头份、宝山、老田寮、三湾一带，桃园龙潭等地亦有部分生产，其中以新竹东方美人茶的质量为最优。

茶外观：以白毫肥大，枝叶连理，叶部呈白、红、黄、绿、褐相间，颜色鲜艳者为上品。

茶汤色：呈琥珀色，以明亮艳丽橙红色为佳。

茶滋味：圆柔醇厚，入口滋味浓厚，甘醇而不生涩，过喉滑顺生津，口中回味甘醇。

茶香气：闻之有天然熟果香、蜜糖香、芬芳怡人者为贵。

图7-4　东方美人茶

第三节　乌龙茶的冲泡

一、闽南乌龙茶冲泡

闽南乌龙茶的冲泡与品饮十分讲究。平常泡饮以盖杯冲泡为主，北方人习惯以紫砂壶或瓷壶冲泡。下面介绍盖瓯的冲泡与品饮方法。

1. 清具

冲泡乌龙茶要采用高热冲泡法，因而在泡茶前，先将沸水温盖瓯和茶杯并对茶海等也淋洗一番，这样不仅可以保持茶具的清洁，还可提高茶具的热度，使茶叶冲泡后的温度相对稳定。

2. 置茶

茶叶的用量，因人而异，可根据个人的饮茶习惯而增减。一般来讲，大的盖瓯可置茶10g，小的为5g。安溪人使用较多的是容量为110mL的盖瓯，一般置入7g茶叶。

3. 醒茶

提取开水冲入置茶的盖瓯中，立即将水倒出，既可洗去茶叶中的浮尘，又可提高茶叶的温度，有利于冲泡出茶叶的本质。

4. 冲泡

提取刚煮沸的开水（100℃），顺势冲入置茶的盖瓯中（茶艺表演追求艺术美感，故采用悬壶高冲法，使茶叶随开水在杯中旋转，而生活中并不提倡，它会使水温降低，不利于冲泡出茶叶本质），直至水满瓯沿，用盖刮去泡沫，再冲去盖上的泡沫，顺势盖上瓯盖。第一道冲泡时间约为30s，由于茶叶的紧结度、老嫩度不同，故冲泡时间不能强求一致，待盖瓯沿上的水吸入盖下时，冲泡的时间就到了。品质好的乌龙茶，泡10余次还有余味，但冲泡的时间随着次数的增加，要相对延长，使每次茶汤的浓度基本一致，便于品饮鉴赏。

5. 闻香

手持盖瓯的盖闻香。闻香时应深吸气，整个鼻腔的感觉神经可以辨别香味的高低和不同的香型。

6. 斟茶

盖瓯的斟茶方法与泡茶一样讲究。标准的方法是，拇指中指扣住瓯沿（如扣在瓯壁将会烫手），食指按住瓯盖的钮并斜推瓯盖，使盖与杯留出一些空隙，再将茶汤冲入茶海中（将茶汤倒入茶海而不直接倒入小茶杯中，追求的是茶汤浓淡的一致）。如果将茶汤直接倒入小茶杯中，则讲究低走回转式分茶，称为"关公巡城"。注意要将盖瓯中的最后几滴茶汤全部倒出，称为"韩信点兵"。

7. 敬茶

将置于茶海中的茶汤依次倒入小茶杯中，敬奉予客人品饮。如敬奉第二道茶，要重新洗杯。

8. 品饮

品饮乌龙茶时，要眼端详细观其色，鼻轻吸先闻其香，嘴微开品饮其味，口轻含再尝其韵，喉徐咽细怡其情，浑然忘我，如入仙境，以期达到精神上的升华。

品饮乌龙茶的能力需经过反复的实践才能提高，直至精通。要经常与有经验的茶友交流，也可以通过多泡茶叶的同时冲泡，细心比较，从而加快提高品茶能力，灵敏地感受不同茶叶的风韵。

二、武夷岩茶冲泡

茶水比：茶水比大致为（1∶18）~（1∶22），以容量为 120mL 的盖碗为例，喜欢清淡口味的，投茶 5g；喜欢浓厚口味的，投茶 7g~8g。

醒茶：第一次注水为醒茶，乌龙茶经过焙火后需要用开水浸润，让条索从沉寂中激活，为正式冲泡释放内涵物做准备。醒茶浸泡时间不能太长，需立即出汤。

时间：冲泡武夷岩茶关键是控制茶的浸泡时间，进而达到调节浓淡和耐泡度的效果（表 7-1）。

表 7-1　茶汤浓淡度、投茶量、浸泡时间参考值

浓淡度	冲泡容器大小/mL	投茶量/g	1 泡~3 泡浸出时间/s
较淡	110	5	20，30，45
		8	10，15，20
中等	110	8	20，30，45
		10	10，15，20
较浓	110	10	20，30，45
		12	10，15，20

三、潮州工夫茶冲泡（21 道程序）

传统的潮州工夫茶具有十几种，有所谓"四宝、八宝、十二宝"之说。普遍讲究的是白泥小砂锅（古称砂铫铫，雅名玉书碨）、红泥小炭炉（风炉烘炉）、宜兴紫砂小茶壶或本地产枫溪朱泥壶（俗名冲罐、苏罐）、白瓷小茶杯（景德青花瓷若琛杯或枫溪白令杯）。此四件除紫砂壶为宜兴产最佳外，其余三件以潮汕产为佳，都有昔时文人著文称誉。

2015 年 2 月，《潮州工夫茶技术冲泡规程》正式发布，其中关于"潮州工夫茶艺"的解释是："选用乌龙茶类和特定材质的冲泡器具及其配套材料有着独特考究的烹泡程式，具有'和、敬、精、乐'的精神内涵。自明代以来，它是流传并保存于潮州府中心区域及其周边地区和海内外潮州人口常生活中不可或缺的一种传统饮食文化习俗。"

（1）备器（备具添置器）：茶杯呈"品"字摆放，依次摆好孟臣壶、泥炉等烹茶器具；

（2）生火（榄炭烹清泉）：泥炉生火，砂铫加水，添炭扇风；

（3）净手（茶师洁玉指）：茶师净手；

（4）候火（扇风催炭白）：炭火烧至表面呈现灰白，即表示炭火已燃烧充分，没有杂味，可供炙茶；

（5）倾茶（佳茗倾素纸）：倒茶叶于素纸上；

（6）炙茶（凤凰重修炼）：炙茶，提香净味；

（7）温壶（孟臣淋身暖）：注水入壶，淋盖温壶；

（8）洗杯（热盏巧滚杯）：热盏滚杯，并将杯中余水点尽；

（9）纳茶（朱壶纳乌龙）：纳茶需适量，用茶量以茶壶大小为准，约占茶壶八成左右；

（10）高注（提铫速高注）：提拉砂铫，快速往壶口冲入沸水；

（11）润茶（甘泉润茶至）：高注沸水入壶，使水满溢出；

（12）刮沫（移盖拂面沫）：壶盖刮沫、淋盖去沫；

（13）冲注（高位注龙泉）：将沸水沿壶口内缘定位高冲，注入沸水，切忌"冲破茶胆"；

（14）滚杯（烫盏杯轮转）：用沸水烫洗茶杯；

（15）洒茶（关公巡城池）：依次循回往各杯低斟茶汤；

（16）点茶（韩信点兵准）：壶中茶水少许时，则往各杯点尽茶汤；

（17）请茶（恭敬请香茗）：恭敬地请嘉宾品茶；

（18）闻香（先闻寻其香）：未饮前，先闻茶汤的香气；

（19）啜味（再啜觅其味）：分三口啜饮，一口为喝，二口为饮，三口为品；

（20）审韵（三嗅审其韵）：啜完三口后，再把茶杯余下的少许茶汤倒入茶盘，冷闻杯底，赏杯中韵香；

（21）谢宾（复恭谢嘉宾）：微笑地向嘉宾鞠躬以表谢意。

第四节　指定茶艺（紫砂壶冲泡乌龙茶技法）

一、指定茶艺考核内容

指定茶艺是全国职业院校技能大赛中华茶艺赛项中的一个环节，包含玻璃杯冲泡绿茶技法、盖碗冲泡红茶技法、紫砂壶冲泡乌龙茶技法三套茶艺，是一个练"功"的项目，重点考察学生茶艺基本功，包含举止礼仪、行为习惯、气质神韵、协调能力、审美情趣、茶汤质量等方面。评分标准主要从以下5个方面进行考察：礼仪/仪容、仪表、茶席布置、茶艺演示、茶汤质量、竞赛时间。

二、紫砂壶冲泡乌龙茶技法流程

乌龙茶指定茶艺竞技步骤：备具→备水→布具→赏茶→温壶→置茶→温润泡（弃

水）→壶中续水冲泡→温品茗杯及闻香杯→倒茶分茶（关公巡城、韩信点兵）→奉茶
→收具。

1. 备具、备水

茶盘1个，茶道组1套，品茗杯4个，闻香杯4个，茶垫（托）4个，紫砂壶1
把，茶荷1个，茶叶罐1个，茶巾1块，随手泡1套。紫砂壶冲泡乌龙茶技法备具见图
7-5。

2. 布具

将茶道组、茶叶罐、茶荷分别放在茶盘的左侧，随手泡、茶杯托、茶巾分别放在
茶盘的右侧。紫砂壶放置茶盘中心位置，品茗杯反扣放至茶盘右上侧，闻香杯反扣放
至茶盘左上侧。

3. 赏茶

用茶荷盛茶叶，请客人赏茶。

4. 温壶

温壶，是因为稍后放入茶叶冲泡热水时，不致冷热悬殊。

5. 置茶

将茶轻置壶中，茶叶用量，斟酌茶叶的紧结程度。

6. 温润泡（弃水）

小壶所用的茶叶，多半是球形的半发酵茶，故先温润泡，将紧结的茶泡松，可使
未来的每泡茶汤保持同样的浓淡。将温润泡的茶汤注入闻香杯、品茗杯中。

7. 壶中续水冲泡

用随手泡向壶中冲入沸水，冲水要一气呵成，不可断续，并掌握好泡茶时间。

8. 温品茗杯及闻香杯

温杯的目的在于提升杯子的温度，使杯底留有茶的余香，温润泡的茶汤一般不作
为饮用。

9. 倒茶分茶（关公巡城、韩信点兵）

用关公巡城、韩信点兵的手法将茶壶中的茶汤均匀倒入闻香杯中，每杯七分满。

10. 奉茶

奉茶后为客人演示，将品茗杯倒扣在闻香杯上翻转过来并置于茶垫上，轻轻旋转
将闻香杯提起，闻香、品茗。

三、紫砂壶冲泡乌龙茶技法流程（图7-5～图7-30）

图7-5　备具

图7-6　行礼

图7-7　布具1

图7-8　布具2

图7-9　翻杯1

图7-10　翻杯2

图 7-11　赏茶 1

图 7-12　赏茶 2

图 7-13　温壶 1

图 7-14　温壶 2

图 7-15　置茶

图 7-16　洗茶（第一次冲泡）

图 7-17 刮沫

图 7-18 淋壶

图 7-19 倒茶（洗杯 1）

图 7-20 倒茶（洗杯 2）

图 7-21 冲泡（第二次冲泡）

图 7-22 淋壶

图 7-23　洗杯 1

图 7-24　洗杯 2

图 7-25　分茶（关公巡城）

图 7-26　分茶（韩信点兵）

图 7-27　扣杯

图 7-28　扭转乾坤 1

图 7-29　扭转乾坤 2

图 7-30　奉茶

四、学生分组训练

练习内容及考核标准见表 5-6。

五、教学视频

登录优酷首页（www.YouKu.com），输入"广州工程技术职业学院茶艺教学—乌龙茶"检索。

本章小结

通过对本项目的学习，使学习者了解乌龙茶的加工工艺和分类，了解乌龙茶的名品，能够掌握乌龙茶冲泡技巧；能够达到中级茶艺师技能要求，完成紫砂壶冲泡乌龙茶技法。

知识链接

1. https：//www.chayu.com/（茶语网）.

2. http：//www.chawenyi.com/（茶文艺网）.

3. 肖天喜. 武夷茶经［M］. 北京：科学出版社，2008.

第八章　黄茶、白茶、黑茶

学习目标

1. 掌握黄茶、白茶、黑茶的基本知识及加工制作工序。
2. 能识别知名的黄茶、白茶、黑茶。
3. 掌握黄茶、白茶、黑茶生活茶艺。

教学目的

1. 了解黄茶、白茶、黑茶的种类及其品质特点。
2. 掌握黄茶、白茶、黑茶的冲泡要领。

主要内容

认识黄茶、白茶、黑茶。

在一次接待活动中，茶艺师取出新出的蒙顶黄芽准备给客人冲泡，在赏茶的时候，一个客人责备茶艺师："什么刚出的黄茶？这明明就是过期了泛黄的竹叶青嘛！你欺骗我们不认识茶啊！"

如何区别蒙顶黄芽和过期的竹叶青？

第一节　黄茶

一、黄茶的简介

黄茶是我国特有茶类，由绿茶演变而来。明朝许次纾《茶疏·产茶》："天下灵山，必产灵草。江南地暖，故独宜茶。大江以北，则称六安，然六安乃其郡名，其实产霍山县之大蜀山也。茶生最多，名品亦振。河南、山陕人皆用之。南方谓其能消垢腻，去积滞，亦共宝爱。顾彼山中不善制造，就于食铛大薪炒焙，未及出釜，业已焦枯，讵堪用哉。兼以竹造巨筒，趁热便贮，虽只有绿枝紫笋，辄就萎黄，仅供下食，奚堪品斗。"与现在皖西黄大茶制法与特点相近，说明明代中后期以前就已有黄茶的生产了。

按鲜叶原料的嫩度，黄茶又分为黄小茶和黄大茶，黄小茶有君山银针、蒙顶黄芽、霍山黄芽、沩山毛尖、北港毛尖、平阳黄汤、远安鹿苑茶等，其中君山银针、蒙顶黄芽属于黄芽茶；黄大茶有皖西黄大茶、广东大叶青茶。

黄茶以内销为主。君山银针主销京、津及长沙等地，近年来有少量外销；蒙顶黄芽主销四川及华北地区；皖西黄大茶主销山东和山西一些地区，为黄茶类之大宗产品。其他黄茶产品产量极低，或者已经不生产（如广东大叶青），或者茶名在，但是产品是绿茶。2010 年，全国黄茶产量为 2500t，以皖西黄大茶为主。其后，安徽、湖南等省加快黄茶发展，2014 年产量增长到 3109t。

二、黄茶的加工工艺

黄茶典型加工工艺：鲜叶、杀青、揉捻、闷黄、干燥。在加工过程中，从杀青到干燥都可以为黄茶创造适当的工艺条件，但闷黄是黄茶加工的典型工序。黄茶制法与绿茶基本相同，但在揉捻或初干后经过特殊的闷黄工序，湿热引起叶内成分一系列氧化、水解的作用，这是形成黄叶黄汤的品质特点。

在闷黄过程中，将杀青叶趁热堆积，使制品在湿热条件下发生热化变化，最终使叶子均匀黄变。其本质是在高温、高含水量下，制品的叶绿素降解，多酚类化合物进行非酶氧化，产生黄色物质，使产品干茶、茶汤和叶底出现黄或黄褐的色泽特征，以及甘醇的滋味品质。

三、黄茶的品质特点

黄茶有别于其他茶类的关键在于其加工过程中有个特殊的"闷黄"工序，形成了"黄汤黄叶"的品质特征。不同的黄茶产品由于其原料、加工工艺过程及参数控制不同，其主要化学成分不同，又具有不同的感官品质特点。

君山银针：外形芽头壮实挺直，色泽浅黄光亮，满披银毫，称之"金镶玉"。内质香气清纯、滋味甜爽。汤色鹅黄明亮，叶底嫩黄匀亮。在玻璃杯中冲泡君山银针时，可见芽头在杯中直挺竖立，壮似群笋出土，又如尖刀直立，时而悬浮于水面，时而徐徐下沉杯底，忽升忽降，能三起三落。

蒙顶黄芽：外形微扁挺直，嫩黄油润，全芽披毫；内质甜香浓郁，汤黄明亮，味甘而醇，叶底全芽黄亮。

皖西黄大茶：外形梗壮叶肥，叶片成条，梗叶相连形似钓鱼钩，梗叶金黄显褐，色泽油润，汤色深黄显褐，叶底黄中显褐，滋味浓厚醇和，具有高嫩的"锅巴香"。

四、黄茶名品

1. 君山银针

君山银针（图8-1）产于湖南省岳阳洞庭湖的君山。君山银针全部用未开展的肥嫩芽尖制成，制造工艺精细。品质特征：外形芽实肥壮、满披茸毛、色泽金黄光亮；内质香气清鲜，汤色浅黄明净，滋味甜爽，叶底全芽，嫩黄明亮。冲泡在玻璃杯中，芽尖冲向水面，悬空竖立，继而徐徐下沉，部分壮芽可三上三下，最后立于杯底。

图 8-1 君山银针

2. 蒙顶黄芽

蒙顶黄芽产于四川省名山县蒙山。蒙顶黄芽鲜叶采摘为一芽一叶初展，芽叶整齐，形状扁直，肥嫩多毫，色泽金黄；内质香气甜香浓郁，汤色嫩黄明亮，滋味醇和回甘，叶底全芽，嫩黄明亮。

3. 霍山黄芽

霍山黄芽产于安徽省霍山县。外形兰花形，色泽嫩黄嫩绿有毫，香气清香持久，汤色嫩绿明亮，滋味鲜醇回甘，叶底嫩黄明亮。

4. 霍山黄大茶

霍山黄大茶鲜叶采摘标准为一芽四五叶。外形叶大梗长，梗叶相连，形似钓鱼钩，色泽油润，有自然的金黄色；内质汤色深黄明亮，有突出的高爽焦香，似锅巴香，滋味浓厚，叶底色黄，耐冲泡。

5. 广东大叶青茶

广东大叶青茶鲜叶采摘标准为一芽二三叶。闷堆是形成大叶青品质特点的主要工序。广东大叶青的品质特点是外形条索肥壮、紧结、重实，老嫩均匀，叶张完整，显毫，色泽青润显黄，香气纯正，滋味浓醇回甘，汤色橙黄明亮，叶底淡黄。产品分 1 级~5 级。

五、黄茶的冲泡

备具：冲泡黄茶宜用无色透明玻璃杯为主泡器具，这样能更好欣赏茶叶在水中上下翻飞、翩翩起舞的仙姿，观赏其汤色、茸毫。

择水：冲泡黄茶，要选用"清轻甘活"的软水，水温在 80℃左右。

茶水比：冲泡黄茶，茶叶与水的比例大致为 1∶50，即每杯投茶叶 2g 左右，冲水 100mL。

浸润泡：提壶轻轻地将水沿杯子周边旋转着冲入，注水量占杯容量的 1/4~1/3。浸润时间为 20s~60s，目的是使黄茶吸水膨胀，便于内含物的溢出。

冲泡：可用"凤凰三点头"，注水入杯七成左右。

品饮：品饮之前，先赏茶汤、观色、闻香、赏形，然后趁热品啜茶汤的滋味。黄茶形似雀舌、嫩绿披毫，清香持久，滋味鲜醇浓厚、回甘，汤色黄绿、清澈明亮。第一泡品茶之鲜醇和清香；第二泡茶香最浓，滋味最佳，要充分体验茶汤甘泽润喉、齿间留香、回味无穷的特征；第三泡时茶味已淡，三泡之后，一般不再饮了。

第二节　白茶

白茶是传统的六大茶类之一，制法独特，不炒不揉；因其成茶多为芽头，外表披满白毫，如银似雪，呈白色，故称"白茶"。

明朝李时珍认为：茶生于崖林之间，味苦，性寒凉，具有解毒、利尿、少寝、解暑、下气、消食、止头痛等功效。古代和现代医学证明，白茶是保健功效最全面的茶类之一，具有抗辐射、抗氧化、抗肿瘤、降血压、降血糖、降血脂的功能。中医药理证明，白茶性清凉，具有退热降火之功效，白茶产地福建人还用白茶治疗小孩的麻疹、皮肤疾病、牙痛等，白茶几乎成为家庭药箱必备之物。白茶的发现和被饮用早于绿茶 2000 多年，上古时代人们运用自然晾晒制草药的方法仓储茶叶，这也是今天传统白茶所延续的制作工艺。白茶制茶工艺自然，原料经日光萎凋和文火煮干，形成了形态自然、芽叶完整、茸毫密披、色白如银的成茶。

一、白茶的简介及分类

白茶主产于福建省福鼎及政和等地，是我国特种茶类之一，其传统制法独特，不揉不炒，属微（轻度）发酵茶。产品主要有白毫银针、白牡丹、寿眉、贡眉 4 类。依据茶树品种、产地、采摘标准和加工工艺，白茶可以分为以下几种：

依据茶树的品种区分：采自大白茶树品种的成品称为大白，采自水仙品种的成为

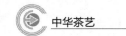

水仙白,采自菜茶的成为小白。

按照采摘标准和加工工艺划分为白毫银针、白牡丹、贡眉、寿眉、中国白茶和新白茶,是目前最常用的白茶分类法。

按照产地和茶树品种不同,分为"北路银针"和"西路银针"。北路银针产于福建福鼎,茶树品种为福鼎大白茶或福鼎大毫茶,芽头壮实,毫毛厚密,富有光泽,汤色杏黄色,香气清淡,滋味清鲜爽口;西路银针产于福建政和,茶树品种为政和大白茶,外形粗壮,芽长、毫毛略薄,光泽不如北路银针,但香气清芬,滋味醇厚。

二、白茶加工工艺

白茶加工不经炒揉,只有萎凋、干燥两个工序。

鲜叶:鲜叶原料采自芽叶满披茸毛的白茶品种。

采摘标准:白毫银针只采一个单芽,白牡丹一芽一二叶初展为主,贡眉一芽二三叶为主。

萎凋:白茶关键工序,通过长时间萎凋,蒸发鲜叶水分,提高细胞膜透性和酶活性,促进叶内含物发生缓慢水解和氧化作用,挥发青臭气,发展茶香,形成白茶自然的外形和内质特征。

干燥:通过高温烘培,破坏酶活性,终止酶促氧化,固定烘培前形成的色、香、味品质;除去水分,紧缩茶条;促使内含物发生热化转化,发展白茶品质。

白茶有"一年茶、三年药、七年宝"的说法,只要在干燥、避光、无异味的条件下,就能长期保存。越陈的白茶,药用价值也就越高。事实上,研究人员通过对1年、5年、20年的白茶同时进行保健功效的研究确证,随着白茶贮藏年份的延长,陈年白茶在抗炎症、抗病毒、降血糖、降尿酸和修复酒精肝损伤的效果上,比新产白茶具有更好的功效。

三、白茶的品质特征

白茶因其外表满披白毫、色白如银而得名,其主要品质特征是干茶色白隐绿,毫香显,汤色杏黄明亮,滋味甘醇爽口,叶底柔软明亮。按鲜叶采摘标准和加工工艺分为白毫银针、白牡丹、贡眉和寿眉,品质各有特色。

1. 白毫银针

白毫银针又名银针白毫、银针或白毫,以色白如银、形状似针而得此名。干茶外形肥壮,满披白毫,色泽银亮;内质香气清鲜,毫香浓,滋味鲜醇甘爽,汤浅杏黄色,清澈明亮。

2. 白牡丹

外形芽叶连枝,两叶抱一芽,叶态自然,形似花朵,故称白牡丹。干茶叶面色灰绿或墨绿，芽毫色银白，叶背披满白毫，俗称"绿面白底"或"青天白地"；内质毫香显露，滋味鲜醇甘爽，汤色杏黄，清澈明亮。叶底嫩绿或淡绿色，叶脉与嫩梗带有红褐色，又以"绿吐红筋"或"红装素裹"形容。

3. 贡眉

形似白牡丹，但形体偏瘦小，品质次于白牡丹。优质贡眉毫心显而多，叶色翠绿，汤色橙黄或深黄，叶底匀整、柔软、鲜亮，叶张主脉迎光透视呈红色、味醇爽，香鲜纯。

4. 寿眉

品质次于贡眉，成茶不带毫芽，色泽灰绿带黄，香气低带青气，滋味清淡，叶底黄绿粗杂。

四、白茶名品

1. 白毫银针

白毫银针约始创于清嘉庆初年（1796 年）的福鼎县，至今已有 200 多年的历史，现主产于福鼎及政和地区，其次是建阳和松溪地区。创制时银针以菜茶壮芽为原料；发现福鼎大白茶茶树后，所制银针成品外形与品质远胜于"菜茶"，1885 年开始以福鼎大白茶芽制银针，称大白，对采自菜茶者则称小白；政和县在 1880 年发现政和大白茶，1889 年开始制银针。目前以福鼎大白茶、福安大白茶、政和大白茶等大白茶品种和福建水仙品种采制银针。1891 年已有出口，主销德国、法国、爱尔兰等国家。

因产区及加工工艺稍不同，品质略有差异。福鼎白毫银针芽头肥嫩，茸毛疏松，呈银白色，滋味清鲜；政和白毫银针，芽壮毫显，呈银灰色，滋味浓厚。同一产区，则随采制时间不同，品质也有较大差异。如福鼎产区，清明前采制的成茶，芽头肥壮，身骨重实，茸毛显松，色白如银；清明后采制成茶，芽头扁瘦，身骨轻飘，茸毛伏贴，色略灰白。白毫银针富含氨基酸，尤以茶氨酸最为突出，两倍于白牡丹。

白毫银针初加工工艺流程：鲜叶、萎凋、烘焙、毛茶。因产地不同，初加工有福鼎制法和政和制法两种。

2. 新工艺白茶

新工艺白茶外形呈半卷条形，色泽暗绿略带褐色，清香味浓，汤色橙红，叶底色泽青灰带黄，筋脉带红，滋味浓醇清甘。新工艺白茶基本加工工艺为鲜叶、萎凋（堆积）、轻揉、烘焙、毛茶、拣剔、复焙、包装，与传统白茶工艺相比，其工艺特点为轻萎凋、轻发酵、轻揉捻、高火烘焙。

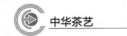

五、白茶的冲泡

1. 杯泡法

一人独饮，用杯泡：用200mL大杯（适宜各种材质，玻璃杯最好），取5g白茶用90℃开水先温润闻香再用开水直接冲泡，1min后就可饮用。

2. 盖碗法

二人对饮，用盖碗：取3g的白茶投入盖碗，用90℃开水温润闻香，然后像工夫茶泡法一样，第一泡45s，以后每泡多延续20s，这样就能品到十分清新的口味。

3. 壶泡法

三五人雅聚，用壶泡：用大肚紫砂壶是白茶泡具的最佳选择。取7g~10g的白茶投入壶中，用90℃开水温润后用100℃开水闷泡，45s~60s就可出水品饮，这样可以品到清纯中带醇厚的茶味。

4. 大壶法

群体共饮，用大壶：大肚高身的大品瓷壶是最佳选择。取10g~15g的白茶投入壶中，直接用90℃~100℃开水冲泡，喝完直接加开水闷，可以从早喝到晚，味道特别醇厚和清爽。这种方法也可供一家大小共享，特别是夏天，因为白茶的冷饮更好喝。

第三节　黑茶

一、黑茶的简介

黑茶是我国特有的茶类，是加工工程中有微生物参与品质形成的真正意义上的发酵茶。生产历史悠久，产区广阔，品种花色多。黑茶一般原料较粗老，加之制造过程中往往堆积发酵时间较长，因而叶色黝黑或黑褐，故称黑茶。

我国黑茶产区目前主要集中在湖南、云南、湖北、四川、广西等地，因各地原料特征各异，或因长期积累的加工习惯等差异，形成了各自独特的产品形式和品质特征。目前的主要花色品种有普洱茶、茯砖、黑砖、花砖、千两茶、天尖、贡尖、生尖、青砖、六堡茶、康砖、金尖等。

二、黑茶的加工工艺

黑茶要求原料成熟度相对较高，比大宗红茶、绿茶粗老一些。黑茶的加工工艺：鲜叶、杀青、揉捻、渥堆、干燥。关键工序是：渥堆，利用湿热作用，茶叶中的黄酮类、多酚类、生物碱等具有刺激性、收敛性的物质发生了深度的氧化、聚合、水解，造就了黑茶味醇而少爽，味厚而不涩的品质特征；香气一般纯正、依茶叶品类不同，还具有"陈香""菌花香""槟郎香"等特殊香味，汤色橙黄不绿，叶底黄褐不青。

三、黑茶的分类及品质特点

黑茶因产区和工艺上的差别有湖南黑茶、湖北老青茶、四川边茶和滇桂黑茶（普洱茶、六堡茶）之分。

湖南黑茶有散装茶和紧压茶两大类。散装茶有天尖、贡尖、生尖三种。天尖一级外形较紧实圆直，色泽较黑润，内质香气纯正或带松烟香，汤色橙黄，滋味醇厚，叶底黄褐尚软。紧压茶按形状分为砖型和柱形。砖型主要有茯砖茶、黑砖茶、花砖茶；柱形主要有千两茶或百两茶。茯砖因为以前在伏天加工（"金花"繁殖条件之一），被称为"伏茶"，又因其口感及药效类似土茯苓，故称为"茯茶"。茯砖中的"金花"含量与茶叶品质成正相关，并有"茶好金花开，花开茶质好"之说（图8-2）。

图8-2 茯砖茶

四川黑茶分为南路边茶和西路边茶。南路边茶有康砖和金尖，西路边茶分为茯砖和方包。

普洱茶是云南省的传统历史名茶和地理标志产品，其生产工艺和品质特点具有鲜明的地域性。普洱茶地理标志产地品质保护范围是云南省普洱市、西双版纳、大理州、临沧市等11个州市。分为生茶和熟茶两大类。生茶（传统普洱茶）是新鲜的茶叶采摘后以自然的方式陈放，未经过渥堆发酵处理。生茶茶性较烈、刺激。新制或陈放不久的生茶有强烈的苦味，色味汤色较浅或黄绿，生茶适合长久贮藏。以1973年为分界点，1973年之前没有熟茶。熟茶（现代普洱茶）是经过渥堆发酵使茶性趋向温和，熟普具有温和的茶性，茶水丝滑柔顺，醇香浓郁，更适合日常饮用。熟普也是值得珍藏的，同样熟普的香味也会随着陈化的时间而变得越来越柔顺，浓郁。

广西六堡茶地理标志产品保护范围为广西梧州市行政辖区，包括梧州市万秀区、蝶山区、长洲区、苍梧县、岑溪市、藤县和蒙山县。获得保护的"六堡茶"规定为：选用苍梧县群体种、广西大叶种等适制茶树的芽叶和嫩茎为原料，采用六堡茶初制工艺和六堡茶精制工艺并在梧州市辖区内加工制成的黑茶，包括六堡散茶、茶砖、茶饼等。六堡茶色泽乌褐油润，汤色红浓明亮，滋味甘醇爽滑、香气醇陈、有槟榔香味，叶底红褐。

四、黑茶的品饮

当前，清饮黑茶是多数都市消费者采用的主要方式，冲泡时可以根据个人喜好和习惯选择不同的方法。一般来说主要有盖碗泡饮法、飘逸杯泡饮法、陶壶（紫砂壶）泡饮法等等。黑茶多为紧压茶，饮用之前需要用茶刀顺着茶叶纹理层层撬开，将茶碎成小块，以备饮用。

1. 盖碗泡饮法

烫洗杯具：用100℃开水将盖碗（包括碗盖）、公道杯、品茗杯等茶具烫洗一遍。

浸泡茶叶：将备好的茶叶投入盖碗中，用回旋法向杯中注入开水至稍有溢出，约10s后将浸洗茶叶的水倾入茶船或水盂中，用杯盖刮去表面的浮沫，然后用开水冲洗杯盖。

正式冲泡：将开水注入杯中至离杯口5mm处，盖上杯盖，一定时间后将茶汤经滤网倒入公道杯中，再分入各品茗杯中，供客人品饮。泡茶时间应根据茶叶质量、存放年份、个人喜好、茶量来略加调整。以150mL的盖碗投茶10g为例。第一泡出汤时间散茶约15s、紧压茶约20s；第二泡散茶约10s、紧压茶约15s；第三泡散茶约15s、紧压茶约20s；第四泡散茶约25s、紧压茶约30s；第五泡散茶约40s、紧压茶约40s。此后，每泡延长30s，直至茶味平淡，即可换茶。

2. 飘逸杯泡饮法

烫洗杯具：用100℃开水将飘逸杯及品茗杯烫洗一遍。

浸洗茶叶：将备好的茶叶投入泡茶内杯中，用回旋法向内杯注入开水至满，10s后，按住放水钮，让浸洗茶叶的水流入外杯，然后倒弃。

正式冲泡：向内杯注入开水至满，一定时间后按放水钮，让茶汤流入外杯，然后分入各品茗杯中，由客人品饮。泡茶时间以500mL飘逸杯（内杯180mL）投茶12g为例。第一泡出汤时间散茶约20s、紧压茶约25s；第二泡散茶约15s紧压茶约20s；第三泡散茶约20s、紧压茶约25s；第四泡散茶约30s、紧压茶约30s；第五泡散茶约60s、紧压茶约60s。此后，每泡延长30s，直至茶味平淡即可换茶。

3. 陶壶（紫砂壶）泡饮法

烫洗杯具：用100℃开水将陶壶或紫砂壶、公道杯、品茗杯烫洗一遍。

浸洗茶叶：将备好的茶叶投入陶壶或紫砂壶中，用回旋法向壶中注入开水稍有溢出，10s后，将浸洗茶叶的水倒入茶船或水盂中，用壶盖刮去表面浮沫，然后用开水冲煮洗壶盖。

正式冲泡：将开水注入壶中至壶口齐平，盖上壶盖，一定时后将茶汤经滤网倒入公道杯中，然后分入各品茗杯中，供客人品饮泡茶时间以250mL壶投茶15g为例。第一泡出汤时间散茶约5秒、紧压茶约10s；第二泡散茶约10s、紧压茶约15s；第三泡散茶约15s、紧压茶约20s；第四泡散茶约25s、紧压茶约25s；第五泡散茶约40s、紧压茶约40s。此后，每泡延长30s，直至茶味平淡，即可换茶。

本章小结

通过对本章的学习，使学习者掌握白茶、黄茶、黑茶的基本工艺流程以及品质特点，并能掌握这三类茶的代表茶进行生活型冲泡。

知识链接

1. http：//www.puercn.com/（中国普洱茶）.

2. http：//www.ajbcw.com/（白茶网）.

3. 周红杰.普洱茶文化［M］.昆明：云南人民出版社，2012.

第九章　调饮茶

学习目标

1. 了解调饮茶的概念及分类。
2. 掌握几种经典茶饮的调饮方法。

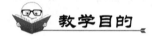

教学目的

掌握调饮茶的基本分类，能通过所学知识调制茶饮新品。

主要内容

调饮茶基础知识、流行调饮茶配方。

案例导入

泡沫红茶是一种以红茶茶汤为基底，添加可可粉、珍珠粉圆、蜂蜜、牛奶、豆类等各种不同材料，然后和冰块一同摇匀，创造出类似鸡尾酒的变化多端的冷饮。泡沫红茶既能保有中国茶的原味，又能营造出更丰富的多层次口感，喝起来风味绝佳，滋味口感令人十分难忘，很受大众的喜爱。

第一节　调饮茶的概念及分类

从饮茶的历史来说，调饮法先于清饮法。清饮法是在元朝开始出现，到明清时期开始普及。据记载，在元朝，已出现了用沸水冲泡末茶的"建汤"。明陈师在《茶考》一书中也提到：明朝南方地区以沸水冲泡末茶的饮法，"杭俗烹茶，用细茗置茶瓯，以沸汤点之，名为撮泡"。这种方法"北客多哂之，予亦不满""况杂以他果"。这说明清饮法在当时并不普及。清饮法虽然是现代的主要饮茶方式，但却是在明末清初才开始普及，在明代之前以调饮法为主。

调饮法自明朝之前，一直是中国人饮茶的主要方式。古人以茶为药和羹，将茶叶与其他食物相佐而食。三国时期魏国张揖《广雅》中叙说："荆巴间采叶作饼，叶老者，饼成米膏出之。欲煮茗饮，先炙令赤色，捣末置瓷器中，以汤浇覆之，用葱、姜、橘子芼之"。"芼"《礼记》注为"菜酿"，即"菜羹"。

古人将葱、姜、橘子与茶共煮成羹的习惯到茶成为饮料时还保留着，其中一个原因是人们在羹饮的过程中发现这些食物佐料能有效地抑制茶叶的苦味和涩味，还有一个更重要的原因就是发现了它的药用价值，唐代大医学家陈藏器在《本草拾遗》一书中写道："诸药为百病之药，茶为万病之药。"足见茶之药功卓著。

当时的人们借助茶来治疗疾病，是从中寻求更简便、实用的保健方法，辅其延年益寿之良方。其中有一个较为著名的茶疗方子"三生汤"：将生茶叶、生米、生姜各适量，用钵捣碎，加适量盐，沸水冲泡，当茶服饮。具有清热解毒、通经理肺的功用，能起到防病保健、延年抗衰的作用。

茶与中草药结合的方子可以说是五花八门，这些茶疗方子大多数可以分为三大类：汉方草药茶、花草茶、五谷茶。汉方草药茶是将单方或复方的中草药与茶叶搭配，采用冲泡或煎煮的方式，作为防治疾病用的茶方。药茶中的茶材主要有茶叶、芳香性植物（如姜、肉桂）、新鲜或干燥的根茎、果实及一些经由冲泡或煎煮后，会将其有效成分溶出的花、叶等。其功效可以预防疾病、抗衰防老、延年益寿。

现代大多数人的饮茶方式都是以清饮为主。所谓清饮就是单一的茶汤，而调饮则是在单一的茶汤中加了一些佐（酌）料，如加糖、加奶等，我们经常喝的牛奶红茶、柠檬红茶，都是调饮茶一类。调饮茶，又称调配型茶饮料，是以茶叶为主体，添加果汁、蔬菜、糖、糖浆、蜂蜜、奶、花草、咖啡、酒、香草甚至中草药等配料中的一种或几种，经过摇制或调和而成的茶饮料。

调饮茶按不同的标准，可以分为以下几类：

（1）按温度分：热饮、冷饮。

（2）按原料分：奶茶、花草茶（香草茶）、五谷茶、水果茶（果蔬茶）、茶酒饮料。

1）奶茶：汉朝开始，中原大地的农耕民族与北方地区的游牧民族交流频繁，同时也冲突不断。茶叶随着战争带到了游牧民族的生活中。那时，奶是游牧民族的主要饮料，茶也日益普及到中原大地。据传奶茶最早源自文成公主，文成公主初到西藏，生活很不习惯，无意之中发觉奶茶混和，其味比单一的奶或茶更好，于是不仅早晨喝奶时要加茶，就连平常喝茶时也喜欢加些奶和糖，这就是最初的奶茶。北方地区，混合饮用是一件极其自然的事情，奶和茶融合饮用，既能补充营养，又提神解渴、消食解腻，十分搭配，奶茶就如此诞生了。奶和茶的相提并论，后魏杨炫之《洛阳伽蓝记》中有明确记载。奶茶的缘起和传播堪称中西文化交融的范例。17 世纪初期，广州官吏首创以加了牛奶的茶招待荷兰使节，这种独特的喝法随即被带回荷兰；1680 年，约克公爵夫人又将时髦的荷兰式饮茶——在茶中加鲜奶、砂糖引进英国，一时蔚为风潮，尤其受到妇女们的喜爱。

2）花草茶：以花卉植物的花蕾、花瓣或嫩叶为材料，经过采收、干燥后加入茶中茗饮。花草茶种类繁多、特征各异，因此，在饮用时必须弄清不同种类的花草茶的药理、药效特性，才能充分发挥花草茶的保健功能。其功效为祛斑、润燥、明目、排毒、养颜等。

3）五谷茶：一种由单种或者多种五谷杂粮研磨成粉，或与其他茶叶一起浸泡，具有消炎明目、活血补身等多种养生功效。李时珍《本草纲目》中，列出了多种以茶和中草药配合而成的药方。如茶和茱萸、葱、姜一块煎服可以帮助消化，理气顺食。茶和醋一块煎服可以治中暑和痢疾。茶和芎穷（川芎）、葱一块煎服，可以治头痛。槐米茶可以治痔。至今民间偏方以茶、姜、红糖相煎治痢疾，并以之消暑解酒食毒。但现代也有人认为："以浓茶解酒"对心脏、肾脏都有副作用。流传至今的"姜茶饮"，是一道以生姜、陈茶、蔗糖等为主要原料制作的茶饮。将鲜姜捣碎，用纱布绞汁，并加到茶汁中，加蔗糖适量，搅匀温服。适宜于肠炎、细菌性痢疾、腹泻腹痛等症，温中散寒，回阳通脉，燥湿消痰。

4）水果茶：将某些水果或瓜果与茶一起制成的饮料，有枣茶、梨茶、橘茶、香蕉茶、山楂茶、椰子茶等。人们出于某种保健目的，将一些对人体有益的水果单独制成或与茶叶一起制成具有某种特定效果的饮料。水果茶具有养生功效，不同的水果茶具有不同的功效，是一种天然的养生方式。

5）茶酒调饮：用六大茶类与酒精心调制，可调出不同精彩。无论是绿茶、红茶还是黄茶，甚至是花茶，都能彰显自身的魅力。

第二节　调饮茶的制作

一、基茶的制作

在调饮之前，需先制作基茶，表 9-1 为各种茶叶的冲泡水温和冲泡时间（以2000mL 为基准）。浓基底绿茶、浓基底红茶、浓基底乌龙茶皆为调制饮品的基底茶，保存期限为冷藏 2 天，制成冰块可保存 15 天。浓基底茶的口感及茶的浓度比较高，如果要单独饮用，则必须加入开水稀释。

表9-1　基茶的制作

种类	冲泡水温	冲泡时间
红茶、乌龙	92℃~95℃	20min
绿茶	85℃~90℃	12min
干燥花果粒茶	92℃~95℃	20min

表 9-1（续）

种类	冲泡水温	冲泡时间
可食用花草茶	85℃~90℃	10min~12min
日式茶	75℃	7min
冷泡茶	常温水（27℃~30℃）	8h~10h

冲泡茶叶与器皿清洁：茶叶必须妥善保存于常温且干燥阴凉处。冲泡茶叶后不可以立即搅拌，易使茶汤产生大量苦涩味，建议最好先将茶叶置于容器内，以热水注入的对流冲力让茶叶充分被水浸湿。冲泡以及保存茶汤的器皿必须妥善清洁并且干燥，不能沾油，否则会影响茶汤品质及保存期。

1. 浓基底绿茶（2000mL/份）

材料：绿茶叶 50g、热开水（85℃~90℃）1300mL、冰块 900g。

做法：

（1）取一个深口不锈钢锅，加入适量开水温锅，轻轻摇晃，让热水均匀分布锅内侧，再倒掉开水。将茶叶放入锅中，缓缓冲入开水于锅中，盖上锅盖，闷泡 12min。

容器必须用开水温过，等同于除菌程序，也可以避免茶汤变质或冲泡时失温。

冲泡绿茶的水温尽量维持在 85℃~90℃，以确保茶叶风味能完全释出。

冲开水后不可以搅拌，否则会使茶汤产生大量苦涩味，并且水量必须以完整覆盖茶叶为佳。

（2）打开锅盖，此时会看到茶叶膨胀，透过滤网将茶汤过滤于另一个深口锅，加入冰块让茶汤急速降温（加入冰块，可以帮助茶汤急速降温，并锁住茶香）。

（3）使用打蛋器将茶汤快速搅打至起泡，再捞除泡沫，重复此步骤 2~3 次后，将茶汤放入保存容器中。降温后的茶汤，通过打蛋器搅打，可以让茶汤风味更加清香且爽口。

浓基底绿茶比其他浓基底茶更容易出现涩感，所以在茶汤急速降温与冷却时，建议在搅打后捞除泡沫，以消除茶汤涩味。

注意：

如果没有温度计，可取 1400mL 水煮沸后离火，加入 5~6 块冰块于沸水中，稍微搅拌即可到达预期水温，就可以泡茶叶了。

浓基底茶完成后可以冷藏保存 2 天；或是做成冰块，可以冷冻保存 15 天，用于冷饮、冰沙类。

如果想制作风味绿茶，则可在茶叶中加入有香气、可食用的干燥花瓣或是炒熟的麦谷类，例如茉莉花、玫瑰花、莲花、杭菊、荞麦、决明子、糙米等。

2. 浓基底红茶（2000mL/份）

材料：阿萨姆红茶叶 58g、热开水（92℃~95℃）1100mL、冰块 1000g。

做法：

（1）取一个深口不锈钢锅，加入适量热水温锅，倒掉热水后于锅中放入茶叶，缓缓冲入热开水于锅中，盖上锅盖，闷泡 20min。

（2）将茶汤过滤于另一容器中，加入冰块让茶汤急速冷却即可。

注意：

泡红茶水温尽量维持在 92℃~95℃，以确保茶叶能完全释出风味。

如果没有温度计，也可取 1100mL 水煮沸后离火，加入 2~3 块冰块于沸水中，稍微搅拌即可到达预期水温，就可以泡红茶了。

浓基底茶为调制饮品的基底茶，保存期限为冷藏 2 天，制成冰块可以保存 15 天。

阿萨姆红茶叶可以换成滇红、英红、锡兰红茶、伯爵红茶等。

3. 浓基底乌龙茶（2000mL/份）

材料：冻顶乌龙茶叶 50g、热开水（92℃~95℃）1300mL、冰块 900g。

做法：

（1）取一个深口不锈钢锅，加入适量热水温锅，倒掉热水后于锅中放入茶叶，缓缓冲入热开水于锅中，盖上锅盖，闷泡 18min~20min。

（2）将茶汤过滤于另一容器中，加入冰块让茶汤急速冷却即可。

注意：

泡乌龙茶水温尽量维持在 92℃~95℃，以确保完全释出风味。

如果没有温度计，可取 1300mL 水煮沸后离火，加入 2~3 块冰块于沸水中，稍微搅拌即可到达期水温，就可以泡乌龙茶了。

浓基底乌龙茶为调制饮品的基底茶，存期限为冷藏 2 天，制成冰块可以保存 15 天。

冻顶乌龙茶叶可以换成武夷岩茶、凤凰单丛等。

二、调饮茶的制作

1. 奇异百香冰茶（430mL/杯）

材料：猕猴桃（奇异果）1 个、浓基底绿茶 180mL、百香果糖浆 30mL、黄糖浆 20mL、冰块 180g。

做法：

（1）猕猴桃洗净后擦干水分，切除两端，去硬心和皮，再将果肉切小块备用。

（2）依序将浓基底绿茶、百香果糖浆、黄糖浆、冰块放入果汁机中，高速搅打 2s~3s（呈碎冰状）。

（3）放入猕猴桃果肉，再高速搅打 2s~3s（猕猴桃呈碎粒状），倒入杯中。

注意：

放入猕猴桃后搅打时间不宜太久，可以保留猕猴桃颗粒口感，成品也更美观。

2. 柠檬冰茶（430mL/杯）

材料：绿柠檬半个、浓基底绿茶250mL、黄糖浆60mL、冰块150g。

做法：

（1）绿柠檬洗净后擦干水分，切小块备用。

（2）将绿柠檬、浓基底绿茶放入果汁机中，高速搅打约10s（切碎绿柠檬），将茶汤滤出备用。

（3）依序将已经过滤的茶汤、黄糖浆、冰块放入果汁机中，再高速搅打2s～3s（呈碎冰状），即可倒入杯中。

注意：

绿柠檬也可以换成黄柠檬。

浓基底茶与绿柠檬搅打后一定要过滤，才不会影响口感。

3. 姜味柠檬茶（430mL/杯）

材料：黄柠檬半个、姜5g、浓基底红茶220mL、姜味糖浆40mL、白糖浆20mL、冰块120g。

做法：

（1）黄柠檬洗后擦干水分，切小块；擦洗净后去外皮，切薄片，备用。

（2）将黄柠檬块、姜片放入杯中，稍微捣压出汁及香气。

（3）依序将基底红茶、姜味糖浆、白糖浆、冰块放入果汁机中，高速搅打2s～3s（呈碎冰状），再倒入装有黄柠檬块和姜片的杯中即可。

4. 桂花乌龙茶（430mL/杯）

材料：浓基底乌龙茶250mL、桂花糖浆40mL、冰块50g、乌龙茶冰块100g。

做法：

（1）依序将浓基底乌龙茶、桂花糖浆、冰块、乌龙茶冰块放入果汁机中。

（2）高速搅打2s～3s（呈碎冰状），即可倒入杯中。

注：浓基底乌龙茶可以换成浓基底红茶。

5. 迷迭乌龙茶（430mL/杯）

材料：新鲜迷迭香1株（3g）、浓基底乌龙茶250mL、绿柠檬汁10mL、迷迭柠檬糖浆40mL、乌龙茶冰块120g。

做法：

（1）迷迭香用手拍打后使其释出香味，再涂抹于杯子内缘、杯口及杯身。

（2）依序将浓基底乌龙茶、绿柠檬汁、迷迭柠檬糖浆、乌龙茶冰块放入果汁机中，高速搅全碎冰状，倒入杯中。也可以切一小片柠檬皮放入杯中，挤压出香气后再涂抹于杯口及杯身。

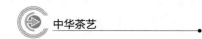

本章小结

通过对本章的学习，使学习者掌握人们对调饮茶的需求信息，学会利用调饮茶的特点，动手制作自己喜爱的调饮茶，为生活增添无限乐趣。

知识链接

1. https：//www.meipian.cn/ydvwra0（美篇：调饮茶）.

2. http：//www.sohu.com/a/236740164_ 100011135（白茶网：调出生活好滋味，调饮茶的魅力）.

3. 徐楠眉. 休闲茶艺［M］. 杭州：杭州人民出版社，2012.

第十章　茶席设计

学习目标

1. 了解茶席设计的概念。
2. 掌握茶席设计的基本构成要素。
3. 掌握茶席设计的结构方法。
4. 掌握茶席设计的题材和表现方法。
5. 掌握茶席设计的技巧。

教学目的

1. 掌握茶席设计的基本内容，可以根据茶席要求进行相应的茶席设计。
2. 根据茶艺要求设计茶席。

主要内容

茶席设计简介、茶席设计的构成要素、茶席设计的文案编写。

案例导入

在一次茶艺比赛中，一位参观者指着参赛者放在茶桌下面的油纸伞，问身边的人这不是泡茶吗？放一把纸伞在茶桌边是什么意思？这不是画蛇添足吗？

请问你对茶席设计了解多少？你认为用非茶之物来做茶席设计，是画蛇添足吗？

第一节　茶席设计简介

茶席设计指的是以茶为灵魂，以茶具为主体，在特定的示茶空间形态中，与其他艺术形式相结合，所共同完成的一个有独立主题的茶道艺术组合整体。

一、茶席的历史

唐以前，人是席地而坐，宴饮时，席是座位也是食物陈列摆放的平台，故而有酒席之称。茶席是泡茶和喝茶的平台。茶席始于我国唐代，大唐盛世，四方来朝，威仪天下。茶，就在这个历史背景下，由一群出世山林的诗僧与遁世山水间的雅士，因对中国茶文化的悟道与升华，从而形成了以茶礼、茶道、茶艺为特色的中国独有的文化符号。

宋代，茶席不仅置于自然之中，宋代人还把一些取型捉意于自然的艺术品设在茶席上，而插花、焚香、挂画与茶合称为"四艺"，常在各种茶席间出现。

明代冯可宾的《茶笺·茶宜》中对品茶提出了十三宜："无事、佳客、幽坐、吟咏、挥翰、徜徉、睡起、宿醒、清供、精舍、会心、赏览、文童"，其中所说的"精舍"，指的就是茶席的摆置，从一体的艺术境界中获得对茶的更深、更丰富的心灵感受。

二、茶席的分类

1. 茶席的基本类别

茶席的基本类别，根据其展示的状态可分为静态茶席和动态茶席。

茶席设计作为静态展示时，其形象、准确的物态语言，将一个个独立的主题表达得生动而富有情感。一台完备的茶席，每一个细节都必须考虑周详：选器、备具、摆设、焚香、插花、挂画、点茶、桌饰……再好的心意，都要通过这一席茶来传达。构思和摆布茶席时，虽然要讲究一定的方位和顺序，但不拘泥于其中，以能抒发心意为要。

当对茶席进行动态的演示时，茶席的主题又在动静相融中通过茶的泡饮，使茶席主人的茶道思想、个性魅力和茶的品格相融，以得到更加完美的体现。动态茶席除艺术美感，其功能性与实用性是设置和设计茶席的基本条件。

2. 根据茶席的主题进行分类

设计一个新的泡茶席，或是更新一个原有的泡茶席，事先定个主题有助于茶席各个部分或各个因子的统一与协调。这个主题可以是季节，也可以是茶的种类，如为碧螺春设计个性茶席，为铁观音、红茶、普洱茶设计茶席；可以为春节、中秋，或为新婚设计茶席；可以表现春天、夏天、秋天或冬天的景致；可以以"空寂""浪漫""闲情"为表现的主题。

第二节　茶席设计的构成要素

茶席艺术在空间上的构成要素分为 10 种：茶、茶器、铺垫、挂画、插花、焚香、摆件、茶食、背景、茶人。

这 10 种要素中，茶、茶器、茶人三者是缺一不可的核心要素，只要这三者齐备就可以构成茶席。和谐的茶席艺术是茶与人、茶与器、器与人三者关系的完美融合，人的情感与思想诉诸茶与器，达到"游于艺"的境界。

铺垫、背景、挂画三个要素其实是构成茶席垂直的两个面，这三个要素对空间艺术的营造很重要。插花、焚香、摆件、茶食四个要素都是在席面上的，分别是茶席上除了茶以外的"色、香、形、味"。这 7 种要素并非都要出现在一个茶席上，可以根据茶席主题的需要来选择。

一、茶

茶，是茶席设计的灵魂，是茶席艺术的"语言"，如果语言不通，就难窥其奥，更谈不上艺术中的"精微奥妙"了。中国的茶不胜枚举，世界的茶更是浩如烟海。我们无法做到每一种都认知、了解、掌握，但择茶是一个非常重要的命题。选择一款茶来设计茶席，来冲泡它、表现它、品味它，大致有以下几种方法。

1. 应季节

一般认为，发酵程度高、焙火的、贮藏年份久的茶温和一些；发酵程度低、不焙火的、贮藏年份短的茶寒凉一些。

春季：香气馥郁的花茶，一是可以去寒去邪，二是有助于去郁理气，促进人体阳刚之气的回升。当然，也可饮新采制的绿茶。绿茶贵新，但刚出锅的绿茶火气太旺，喝了容易上火，需存放半月左右再饮。传统的龙井新茶需要用灰缸（生石灰）贮藏去燥气再饮。

夏天：天气炎热，饮上一杯清汤碧叶的绿茶，可给人以清凉之感，还有降温消暑之效。现在流行冷泡法，特别是乌龙茶，香甜爽冽；细嫩的绿茶，白茶中的白毫银针也适合冷泡。泡法不同，茶席自然不同。

秋天：天高气爽，喝上一杯性平的乌龙茶，不寒不热，取其红茶与绿茶两种功效，以清除夏天余热，又能恢复津液。饮白茶，特别是老白茶、可以去秋燥，黄茶也很适合。

冬天：天气寒冷，饮杯味甘性温的红茶，如祁红、滇红、宜红等，黑茶如熟普、茯砖等，可给人以生热暖胃之感。火功到位的武夷岩茶也有此效。

2. 应地域

中国的名茶属于各个地域出产的风物，随着茶业的复兴，各地名茶好茶层出不穷。因此，中国乃至世界的名茶地图是画不完的，每款茶的文化很重要的一个组成部分就是这款茶所在产地的地域文化。我们要学会去学习、解读、体悟茶产地的地域文化。到什么地方饮什么地方的茶，茶席的设计应考虑地域文化。

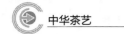
3. 应人体

初饮茶者，或平日不大饮茶的人，最好品尝清香醇和的绿茶，如西湖龙井、碧螺春、黄山毛峰、庐山云雾等；有饮茶习惯、嗜好清饮口味者，可以选择烘青和一些地方优质茶，如茉莉烘青、敬亭绿雪、开化龙井、婺源茗眉、休宁松萝等；如是老茶客，要求茶味浓酽者，则以选择炒青类茶叶为佳，如珍眉、珠茶等；若平时畏寒，选择红茶为好，因为红茶性温，有祛寒暖胃之功；若平时畏热，选择绿茶为上，绿茶性寒，喝了有使人清凉之感；身体肥胖的人，饮消脂力强的乌龙茶、普洱茶更为适合。

宴后饮茶，可以促进脂肪消化，解除酒精毒害，消除肚子胀饱和去除有害物质，此时就适合茶味浓烈的茶，如凤凰单丛、武夷岩茶、普洱茶等。儿童、青少年宜饮淡茶。合理地饮茶，有利于儿童健康。老年人宜适量饮茶，年纪大了一般喜饮浓茶，但还是要以清淡为佳。

4. 应风俗

茶俗是我国民间风俗的一种，它是中华民族传统文化的积淀，也是人们心态的折射，它以茶事活动为中心贯穿于人们的生活中，并且在传统的基础上不断演变，成为人们文化生活的一部分。由于历史、地理、民族、文化、信仰、经济等条件的不同，各地的茶俗无论是内容上还是形式上都有各自的特点，呈现百花齐放、异彩纷呈的繁盛局面。婚丧嫁娶、节气节日、祭祀礼俗，这些也都可能成为择茶的因素。茶与婚礼的关系自古为人所重，很多茶席是为婚礼而设，选择红茶"红红火火"，或是选择白茶"白头偕老"，或是选择饼茶"圆圆满满"。

5. 应心情

茶作为精神饮品，茶席作为独立艺术，择茶最重要的因素就是心情。以心情来择茶，本来就是身、心、情、景、意、境的综合选择。但能够自如把握自己的心情，并非易事，要求茶人会自省、自我观照。这是美学问题，不在此展开。有一点须强调，存在主义的核心是"存在先于本质"和"自由选择"。茶席艺术是不是"存在先于本质"且不论，但"自由选择"对择茶最要紧，人是自由的，茶也是自由的，但自由不是乱来，一旦做出选择就要对选择负责。也就是说，一旦选择了一款茶，就要深入地了解它方方面面的文化，它的前世今生，努力地为它选择最合适的茶器，布置出最好的茶席，冲泡好、展示好、品味好，让这泡茶尽其用、尽其才、尽其道。

二、茶器

"器乃茶之父"，选择茶器必须兼顾实用性和艺术性。茶器的质地、造型、大小、色彩以及文化内涵等方面，要综合考虑。

茶席中的茶器组合是有主次关系的，其中地位最高、需要统帅全局的主体茶器必须在茶席设计中得到最大程度的表现，其他茶器都要辅佐它、配合它、围绕它展开。

主体茶器也就是泡茶器，主要的款式有 3 种：茶壶、茶杯、盖碗。

当下，茶席设计中的茶器组合渐趋简约，上得了席面的每一件茶器都必须是必要的，能为茶席冲泡、演示发挥作用的，否则不取。常规茶席的茶器配置如下：

（1）煮水器。

（2）壶承。

（3）泡茶器：茶壶、盖碗等。

（4）盖置：用于搁置茶壶或盖碗的盖子。盖置一物，不要拘泥，只要能满足功能，可以自己寻找精美的物件代替。

（5）匀杯：即公道杯，用以中和茶汤浓度，方便均分茶汤。这件茶器是中国台湾 20 世纪 80 年代所创造，确实方便公平，但古典茶艺中有"关公巡城""韩信点兵"手法，同样可以均分茶汤。

（6）茶漏：出汤时用以过滤茶汤中的细末。茶艺精湛者不需此物，潮州工夫茶中即无此茶器。

（7）茶盏：或称茶杯。

（8）茶船：平的即称杯垫。

（9）茶仓：又名茶藏、茶入，即茶叶罐。

（10）茶荷：又名赏茶盒，用于欣赏干茶，现在多制成"臂搁"造型。

（11）茶则。

（12）则置：用以搁置茶则，选用则置与盖置同理，细微之处最显得精彩。

（13）茶巾：又称洁方。材质要易吸水。

（14）水盂：古称滓方，即废水缸。水盂不是茶席上的垃圾缸，一定要保持清洁。也有茶席将水盂略去，以壶承的功能代替之。

（15）叶底盘：用以欣赏冲泡完成之后的茶叶叶底。

三、铺垫

1. 铺垫的作用

铺垫指的是茶席整体或局部物件摆放下的铺垫物。铺垫的大小、质地、款式、色彩、花纹，应根据茶席设计的主题与立意加以选择。

在茶席中，铺垫的作用：一是使茶席中的器物不直接触及桌面或地面，保持器物的清洁，还可以吸收冲泡过程中漏下的茶水；二是以自身的特征共同辅助器物完成茶席设计的主题。

在视觉上，选对一块铺垫，能够有效地将整个茶席的元素统一起来。在茶席中，铺垫与各种器物之间的关系就像人与家、鱼与水的关系。人只有回到家中，才最自由自在，能够找到生理与精神上的归属感。鱼在水中不仅是自由的象征，更是生命的必需。这样来比喻茶席的铺垫与其他要素的关系很恰当，如果没有铺垫，各种器物不仅

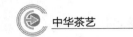

散漫没有美感、没有归属，并且难以构成一个完整的茶席，甚至"茶器成列"与"茶席"之间的区别也就在于此了。所以，铺垫虽是器外之物，却是茶席的重要组成部分，对茶器的衬托和茶席主题的体现起着至关重要的作用。

2. 铺垫的选择

（1）茶席的尺寸

没有规矩，不成方圆。铺垫的大小往往就是茶席的尺寸，尺寸因功能而定，可大可小。一般而言，选用的桌面宽80cm，长120cm，最适合茶席的铺设。因为宽与长的比例，正好是黄金分割比，视觉上有最舒适的感受。

（2）铺垫的材质

铺垫的材质可以分为织品类和非织品类。织品类有棉布、麻布、化纤、蜡染、印花、毛织、织棉、绸缎、手工编织等。非织品类有竹编、草秆编、树叶铺、纸铺、石铺、磁砖铺、不铺（利用桌面本身的材质与肌理）等。

3. 铺垫的形状

铺垫的形状一般分为正方形、长方形、三角形、圆形、椭圆形、几何形和不确定形。正方形和长方形，多在桌铺中使用。三角形基本用于桌面铺，正面使一角垂至桌沿下。椭圆形一般只在长方形桌铺中使用，它会突显四边的留角效果，为茶席设计增添了想象的空间。几何形易于变化，不受拘束，可随心所欲，又富于较强的个性，是善于表现现代生活题材茶席设计者的首选。

4. 铺垫的色彩

铺垫色彩的基本原则是：单色为上，碎花为次，繁花为下。铺垫，在茶席中是基础和烘托的代名词。它的全部努力，都是为了帮助设计者实现最终的目标追求。单色最能适应器物的色彩变化。茶席铺垫中运用单色，反而是最富色彩的一种选择。碎花，包含纹饰，在茶席铺垫中，只要处理恰当，一般不会夺器，反而更能恰到好处地点缀器物、烘托器物。繁花在一般铺垫中不选用，因为花纹的繁杂容易将茶席元素淹没。单色、碎花、繁花，又可以在设计的过程中不同比例地组合使用。色彩的混搭往往使茶席更灵动出彩。

5. 铺的方法

只要能烘托茶席艺术效果的材料，可以发挥想象，都可使用。

平铺，又称基本铺，是茶席设计中最常见的铺垫。即用一块横、直都比桌、台、几大的铺品，将四边沿垂掩住的铺垫。

对角铺，就是将两块正方形的织品一角相连，两块织品的另一角顺沿垂下的铺垫方法，以造成桌面呈四块等边三角形的效果。

三角铺，即是在正方形、长方形的桌面将一块比桌面稍小点的正方形织品移向而铺，使其中两个三角面垂沿而下，造成两边两个对等三角形，而桌又成一个棱角形的铺面。

叠铺，是指在不铺或平铺的基础上，叠铺成两层或多成的铺垫。叠铺是非常常用的茶席艺术表现手段之一。

立体铺，即茶席铺垫不在一个平面上，铺成高低上下错落的形式。

四、挂画

挂画，又称挂轴。茶席中的挂画，是悬挂在茶席背景环境中书与画的统称。挂轴的出现，始自北宋。挂轴的展览功能与先前的题壁一样而且更适合于保存。到明清，单条、中堂、屏条、对联、横披、扇面等相继出现，成为书法、绘画艺术的主要表现形式。

就挂画的形式来说有如下几种：

单条：单幅的条幅。

中堂：挂在厅堂正中的大幅字画。两边另有对联挂轴，顶挂横批。

屏条：成组的条幅。常由两条或多条组成。

对联：由上联和下联组成。一般粘贴、悬挂或镌刻在厅堂门柱上。

横批：与对联相配的横幅。一般字数比联句少。

扇面：折扇或团扇的面儿，用纸绢等做成。扇面上书以字或绘以画，或字、画同用。

挂画的内容分书法与绘画，书法内容可以是诗文、茶语、词偈、信函等。中国与茶相关的诗文浩如烟海，日本茶室的挂轴内容还专门编成了一部辞典。以表现汉字为内容的书法，常以大篆、小篆、隶书、章草、今草、行书、楷书等形式出现。

五、插花

插花，见于茶席中也历史悠久。宋代，人们已将"点茶、挂画、插花、焚香"作为"四艺"，同时出现在品茗环境中。插花分为西方式插花和中国式插花两大类。西方式插花在形式上多为几何构图，讲究对称；用花的品种和数量都非常大，有丰茂繁盛之感；用色也多样，力求浓重鲜艳，常制造出热烈、华丽、缤纷等气氛效果。西方插花常以平面的或立体的几何图案作为表现形式。平面的即只能从一个面观赏，称为一面观花型，多靠墙摆设，主要的类型有三角形、扇形、倒 T 形、L 形、椭圆形、不等边三角形等；立体的就是可以从四个面、多角度观赏，可摆在桌子、茶几等家具的中间，主要的类型有半球形、水平形、新月形、S 形、圆锥形等。近代的西方插花也发展出一些较自由的形式，如并列型、组合型等。

近代的中国式插法，受到日本花道和西洋式插法的影响，取长补短，为中国传统插法增添了新意。较常见中国式插花的基本造型有以下几种：

（1）图案式插花又称"规则式插花"，是一种较规范的插法，且艺术要求也较高。常用于盆式插花。其造型必须在插花前先构图设计，然后挑选作主花的花枝，再以其他花材作补充，并要求兼顾正面和侧面，使之能达到图案设计的要求。

（2）自然式插花，自古以来，人们热衷于再现花草植物的自然生长姿态，此艺术手法除见诸陶瓷、绘画等之外，插花也有自然插法。这种插法要求在花枝之间，花果、叶各部位之间，几方面符合对称平衡，使其造型给人自然之美感。

（3）线条式插花又称"弧形式插花"，要求造型保持一定弧形线条和具有艺术完整性。线条表现力十分丰富，显示了一种无形力量的存在，各种不同风格的线条表达不同的内涵，如粗壮有力线条表达阳刚之气，纤细柔韧的线条花枝，剪裁不同长度，并用三个不同的位置和方向固定花枝，使它们不至于相互交叉或相叠。此插花可用高瓶。

（4）盆景式插花，着重意境，构思雅致，不要求色彩华丽的插花。因一般只供正面欣赏，故插花时注意视点宜略高。盆内需设花座（花针）以固定花枝。花器宜浅，采用山水盆景的浅盆，效果更佳。至于盆的形状，可以使用椭圆形、长方形、方形和圆形等。幽兰、文竹、菖蒲，为文人茶客最爱。

（5）野逸式插花，是一种新的艺术插花形式。它突破了过去以花枝为主的传统，而表现出大自然的风气。野逸式插花把郊野气息带入了居室，善用野花、野果，野草，尤其是野生、水生植物的枝、叶、果作插花材料，具有其独特的风格。

这些插花的手法都可以运用到茶席插花上，但茶席中的插花不同于一般的宫廷插花、宗教插花、文人插花和民间生活插花。茶席插花永远是一个最佳的配角，它必须与茶、茶器相得益彰，起到点亮茶席生命力的作用，为体现茶的精神，追求崇尚自然、朴实秀雅的风格。茶席插花要求简洁、淡雅、小巧、精致。在日本茶道中这样的茶席插花被称为"抛入花"。茶席插花所选的花材限制较小，山间野地，田头屋角随处可得，一般是应四季花草的生长，选择少量花材即可，也可在一般花店采购。在花器的质地上，一般以竹、木、草编、藤编和陶瓷为主，以体现原始、自然、朴实之美。

六、焚香

焚香，是指人们将从动物和植物中获得的天然香料进行加工，使其成为各种不同的香型，并在不同的场合焚熏，以获得嗅觉上的美好享受。在茶席上点香有 4 个目的：一为清净身心，二为净化空气，三为欣赏香味与香器，四是改变气味以达到情境转换的目的。

1. 香料的选择

一般由富含香气的植物与动物提炼而来。植物中富含自然香料香气的树木、树皮、树枝、树叶、花果等都是制香的原料。而动物的分泌物所形成的香，如龙涎香、麝香等也是香料的来源。比较经典的香料有：沉香、檀香、龙涎香、麝香、安息香、龙脑香、丁香、木香、迷迭香、玫瑰花香等。

茶席中香料的选择，应根据不同的茶席内容及表现风格来决定，基本上以清新、淡雅的植物香料为宜，香气浓重容易喧宾夺主。

2. 香器的摆放

香器的款式不一，有香炉、香插等。在茶席中的摆放应把握以下几个原则：一是不夺香，即香炉中的香料，不应与茶道有强烈的香味冲突。一般茶香，即便再浓，也显淡雅。生活类题材茶席，基本以选茉莉、蔷薇等淡雅的花草型香料为宜。二是不要在风大的地方焚香，香气飘散过速。茶席展示场所总有气流流动，如焚香之香气，与茶香之香气处于同流之中，必将冲淡茶香。三是不挡眼，香炉摆放的位子，对茶席动态演示者或是观赏者来说，都需置于不挡眼的位置。

七、摆件

茶席中的摆件，若能与主体器具巧妙配合，往往会为茶席增添别样的情趣。因此，摆件的选择、摆放得当，常常会获得意想不到的效果。

1. 摆件种类

相关工艺品的种类繁多，只要适合茶席主题，皆可进入。自然物类有石类、植物盆景类、花草类、干枝、叶类等。生活用品类有穿戴类、首饰类、化妆品类、厨用类、文具类、玩具类、体育用品类、生活用品类等。艺术品有乐器类、民间艺术类、演艺用品类等。宗教用品有佛教法器、道教法器、西方教具。传统劳动用具有农业用具、木工用具、纺织用具、铁匠用具、鞋匠用具。历史文物类有古代兵器类、文物古董类等。

2. 摆件在茶席中的地位与作用

人们在社会生活中，由于个人的性格、情感、体能等方面的需求，不同的生活阶段总是以不同的生活方式生活，或是与某种物品相伴，久之，对这些物品就有了感情，并深深留在记忆中。

在整体茶具的布局中，摆件的数量不多，总是处于茶席的旁、边、侧下及背景的位置，服务于主器物。摆件不像主器物那样不便移动，而是可由设计者作随意的位置调动。因此，相关工艺品成为最便于设计者利用的物件，在对它作不停地换位调整后，最终达到满意的设计效果。摆件不仅能有效地陪衬、烘托茶席的主题，还能在一定的条件下，对茶席的主题起到深化的作用。作为茶席主器物的补充，无论从哪个方面来说，相关工艺品的作用都是不可忽视的。

摆件在茶席中摆放的禁忌：一是主题与茶席整体设计的主题、风格不统一；二是与主体茶器相冲突；三是体积太大妨碍茶席的观赏，或太小达不到视觉效果，又或者太多淹没了茶器。

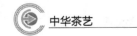

3. 茶宠

茶宠是茶席摆件中的一大宗，是无用之用的玩意，"茶宠"顾名思义就是茶水滋养的宠物，多是用紫砂或澄泥烧制的，其艺术价值、商业价值是不容轻视的。

陶质工艺品，喝茶时用茶汤涂抹或茶水直接淋漓，年长日久，茶宠就会温润可人，茶香四溢。常见茶宠如金蟾、貔貅、辟邪、小动物、人物等。一些茶宠制作工艺精湛，具有极高的收藏价值。还有些茶宠利用中空结构，浇上热水后会产生吐泡、喷水的有趣现象。

古玩行业讲究包浆，包浆也就是以物品为载体的岁月痕迹。养出来的东西显露出一种温存的旧气，不同于新货那种刺目的"贼光"。茶宠的养护方法与紫砂壶一样。

首先选择自己喜爱的茶宠，只有喜欢才会细心的欣赏与呵护；其次，常要用茶汤淋浇，在茶席的行茶过程中可一边品茶一边用养壶笔轻轻抚刷；还要尽可能以一种类型的茶来养护茶宠，这样就不会因接触不同质地茶而令颜色不纯正。

八、茶食

茶食是指专门佐茶的食品，其中以茶为原料的各类佐茶食品是现在人们关注的热点。茶食包括水果、干果、点心、肉类等。

1. 茶食种类

（1）水果。茶与之相配的瓜果，在这里不但是内容，也是形式，是传递俭廉精神的重要载体。人们经常选用色彩鲜艳、食用方便的水果来搭配茶食，如西瓜、圣女果、苹果、甜橙、桃子、菠萝、葡萄、香蕉、芒果、猕猴桃等。

（2）干果。干果佐茶是绝美的搭配，干果营养物质丰富，口感均较为清淡，没有刺激的味道，与茶清鲜的味觉搭配可以较好地融合略微苦涩的口感，同时干果的香气和茶的香气可以很好地融合。常见的坚果一般分为两类：一类是树坚果，包括核桃、杏仁、腰果、白果、松子开心果、夏威夷果等；另一类是植物的种子，如花生、葵花子、南瓜子、西瓜子等。

（3）点心。茶点是指佐茶的点心、小吃，是茶食中目前最为流行的品类。茶点比一般点心小巧玲珑，口味更美，更丰富，制作也更精细。在茶席中的摆放也更有想象和创作的空间。饮茶佐以的点心，有干点和湿点两种。

2. 茶食的搭配

不同的茶茶性不同，口感及色泽不同，要依据各个茶的特征来搭配茶食。首先要考虑的就是茶食与茶的口感搭配，总体上来说，红茶性暖，绿茶、白茶性寒。黄茶、黑茶、青茶性温，依据这些茶的茶性搭配茶食更能体现以人为本的理念。冬天或者女性喝绿茶就尽量避免选择寒性食物，少用西瓜、李子、柿子、柿饼、桑葚、洋桃、无花果、猕猴桃、甘蔗等水果。红茶性暖，体质热的人就不要选择温热性的荔枝、龙眼、桃子、大枣、杨梅、核桃、橘子、樱桃、栗子、葵花子、荔枝干、桂圆干等热性食物为茶食。

一般来说，品绿茶，可选择一些甜食，如干果类的桂圆、蜜饯、金橘饼等；品红茶，可选择一些味甘酸的茶果，如杨梅干、葡萄干、话梅、橄榄等；品乌龙茶，可选择一些味偏重的咸茶食，如椒盐瓜子、怪味豆、鱿鱼丝、牛肉干、咸菜干、鱼片、酱油瓜子等。中国台湾的范增平将此归纳为："甜配绿，酸配红，瓜子配乌龙。"当然，最好的搭配还是要自己亲口尝试为好。

3. 茶食与器皿的协调茶

茶果茶点盛装器的选择，无论是质地、形状还是色彩，都应服务于茶果茶点的需要。换言之，什么样的茶果，选配什么样的器皿。如茶果茶点追求小巧、精致、清雅，则盛装器皿也当如此。所谓小巧，是指盛装器皿的大小不能超过主器物；所谓精致，是指盛装器皿的制作，应精雅别致；所谓清雅，是指盛装器皿的大小应具有一定的艺术特色。

器皿的质地上，有紫砂、瓷器、陶器、木制、竹制、玻璃、金属等；形状上，有圆形、正方形、长方形、椭圆形、树叶形、船形、斗形、花形、鱼形、鸟形、木格形、水果形、小筐形、小篮形、小篓形等；色彩上，多以原色、白色、乳白色、乳黄色、鹅黄色、淡绿色、淡青色、粉红色、桃红色、淡黄色为主。

一般来说，干点宜用碟，湿点宜用碗；干果宜用篓，鲜果宜用盘；茶食宜用盏。色彩上，可根据茶点茶果的色彩配以相应颜色。其中，除原色外一般以红配绿，黄配蓝，白配紫，青配乳为宜。各种淡色均可配各种深色。有些盛装器里常垫以洁净的纸，特别是盛装有一定油渍、糖渍的干点干果时常垫以白色花边食品纸。

总之，茶果茶点及盛装器要做到小巧、精致和清雅，切勿选择个大体重的食物，也勿将茶点茶果堆砌在盛装器中。只要巧妙配置与摆放，茶果茶点也将是茶席中的一道风景，盆盆碟碟显得诱人和可爱。

九、背景

茶席的背景是指为获得某种视觉效果，设定在茶席之后的艺术物态方式，我们这里特指室内背景。

茶席的价值是通过饮茶者的审美而体现的。因此，视觉空间的相对集中和视觉距离的相对稳定就显得特别重要。单从视觉空间来讲，假如没有一个背景的设立，人们可以从任何一个角度自由观赏，从而使茶席的角度比例及位置方向等设计失去了价值和意义，也使观赏者不能准确获得茶席主题所传递的思想内容。茶席背景的设定，就是解决这一问题的有效方式之一。背景还起着视觉上的阻隔作用，使人在心理上获得某种程度的安全感。

1. 静态背景

静态的背景较为传统，一般有墙面、屏风、织品、席编、灯光、书画、纸扇等。平面装饰艺术只要与茶席相匹配，都可以展示。比如油画、版画、水彩、水粉、素面、装饰画、剪纸、刺绣、年画等。此外，还可以通过门洞、窗户、镜面等把室外的风景引入作为茶席背景，犹如园林艺术中的借景，称为室外背景的室内化。

2. 动态背景

媒体就是人与人之间实现信息交流的中介，简单地说，就是信息的载体，也称为媒介。多媒体就是多重媒体的意思，可以理解为直接作用于人感官的文字、图形、图像、动画、声音和视频等各种媒体的统称，多种信息载体的表现形式和传递方式。运用多媒体作为茶席的动态背景是一种全新的尝试。可以提供更新鲜、活泼的表现形式，也有足够的效率表达更丰富、多元的内容。

第三节　茶席设计的文案编写

茶席的主题与表现往往要借助茶席文案的撰写。在茶席的创作中大家往往忽视了文案，其实这是至关重要的创作步骤。茶席文案一般包括三部分内容：

（1）设计方案。茶席的整体设置，包括演示的程序，类似一个设计的方案和舞台剧的脚本。

（2）台签文案。包括茶席的作者、茶品、茶器、主题。这是对茶席的基本说明文字，即使是静态的展示，大家也可以通过台签了解这个茶席的基本情况。

（3）解说词。茶席在动态呈现的过程中往往需要文学性的解说词。解说词不仅要把内容解说清晰到位，还要注意言辞优美，富有文学性甚至是充满诗意。对外交流时要考虑解说词的翻译。

▶ 案例赏析

茶席设计一——"苏轼如茶"教学案例
学生：梁沛源、薛凤　　指导教师：叶娜、郭娜

图 10-1　苏轼如茶（获 2016 年全国茶艺大赛茶席设计铜奖、2017 全国职业院校技能大赛中华茶艺广东省选拔赛一等奖）

作品主题

苏轼，字子瞻，号东坡居士，北宋著名文学家、书法家、画家。花甲之年，东坡被贬惠州，"回首向来萧瑟处，也无风雨也无晴"，在岭南，东坡经历了"茶味人生随意过"的三年时光，茶已融为苏轼生命与情感中的重要部分，怀着对苏轼的敬仰和怀念，我们设计了"苏轼如茶"。

设计思路

本茶席展现点茶法。点茶，是宋代最具代表性的一种喝茶方式，茶品用蒸青绿茶粉。苏轼嗜茶，"品茶得真谛"，其《叶嘉传》可视为苏东坡的"夫子之道"。东坡精于点茶，自煎（水）、自点（茶）、自饮（分茶），回味无穷。

茶具：《大观茶论》："茶盏贵青黑，玉毫条达者为上"。茶席中黑色兔毫建盏、影青执壶、茶筅、分汤勺各一个、三个建盏品茗杯及杯托等用器。茶具贴近宋代饮茶风俗，质地古朴淳厚，展现宋代点茶法独具审美的风格。

铺垫：以米黄细沙为铺，以褐色木质窗棂为框，以深褐色棉布为桌布。米黄色寓意乐观上进、积极进取，光明；深褐色寓意冷静、沉稳和淡泊。两种颜色蕴含苏轼的处世哲学，他一生坎坷，三次贬谪，却未自暴自弃而是凭着豪放乐观的性格度过了人生最艰难的时光。

背景图：以木质窗棂为两侧，中间镶嵌一副挂画。犹如东坡在罗浮山下，推窗而见惠州"门外橘花犹的皪，墙头荔子已斑斓"的夏天，吟出"日啖荔枝三百颗，不辞长作岭南人"的名句。绍圣元年（1094年），东坡贬谪惠州时是苏东坡思想成熟的关键期，靠着"儒家的乐天安命、道家的顺应自然、佛家的随缘自足"的旷达襟怀，才有"试问岭南应不好？却道，此心安处是吾乡"的感叹。

色彩搭配：凸显双色搭配，黑或褐色（建盏、茶勺、窗棂、花器、深褐色粗麻垫布）+米黄或青白色（执壶、茶碗、茶筅、背景画）。

背景音乐：乱红。

创新点

主题创新。茶与苏轼一生相伴。苏轼性格豪放中带有沉稳、理性和内敛，这与茶的淡雅和清高如出一辙。苏轼如茶，用揉入宋代点茶法的茶席来再现苏轼在岭南"茶味人生随意过"的生活及宽阔胸怀、乐观豁达的人生态度。

设计创新。茶席设计中茶具简洁、质朴、流畅，展现宋代简单而又精致、朴素却不失精美的审美追求；茶席从颜色搭配和器物的选择，彰显东坡"以入世的态度做事，以出世的态度做人"的生活哲学。如茶席色调以深褐色和米黄色为表现色，同时用荔枝、窗棂、挂画等物象，展现东坡对岭南风物的热爱。细沙为铺寓意水，以青山为缀，茶托似舟，勾勒东坡在贬谪中，在惠州的山水中寄寓感情，抒发情怀的场景，烘托东坡在逆境中保持旷达超脱、开朗乐观、闲适平和的心态和积极向上的追求。

表达思想

东坡自评："问汝平生功业，黄州惠州儋州"。三次贬谪，作为一个忧国忧民的士大夫，茶是东坡抚平创伤，却依然笑语南风的选择，其散文《叶嘉传》可谓苏轼人生的缩影。以入世的态度做事，以出世的态度做人，是苏东坡最恰当的人生注脚。在惠州，苏轼思想和创作达到炉火纯青的境界，是东坡人格的成熟定型期，并对岭南文化及对其后的文人的精神世界影响深远。文化寓于茶道、茶道传承文化，本茶席紧扣主题展示东坡人格魅力和生存智慧。

案例赏析

茶席设计二——"知己"教学案例

学生：张淑雅　　　指导教师：叶娜、郭娜

图 10-2　知己（获 2016 年全国茶艺大赛茶席设计铜奖、2017 全国职业院校技能大赛中华茶艺广东省选拔赛一等奖）

作品主题

林语堂在《谈茶与友谊》中说道："茶是为恬静的伴侣而设……"。普洱茶，经过岁月洗礼，慢慢陈化，越陈越香，愈加珍贵，如同经历岁月沉淀的知己之情，在时间的积累中弥足珍贵。以茶为席，以茶鉴谊，"知己"就是茶席的主题。

设计思路

选用茶叶：普洱茶（生）。

选用茶具：盖碗、公道杯、铁壶、茶荷、茶则各一个，品茗杯三个。

背景音乐：知音天籁。

创作思路

"普洱茶，如同岁月沉淀的友情"，它的一生，经采摘、杀青、揉捻、晒青，在漫长的陈化中等待识香者；"书中自有颜如玉"，书的一生，经创作、印刷、装帧，经万千只手的抚摸翻看，最终归回爱书之人的案头几旁；"高山流水遇知音"，人的一生，寻寻觅觅，知己却可遇不可求。茶、书、人都是渴望遇到知音的。

作品以茶、书、人为元素。用淡杏色锦缎为垫布，覆以浅金色水晶纱，犹如夕阳西下，淡金色的斜晖照在溪水之上，波光粼粼，清泉之上，一把宛如古琴的木枝，与背景图中的青山辉映，艺术的典雅与历史的厚重交相，勾勒出一段仿似伯牙与子期故事的场景。

"古琴"之旁，一黄深色盖碗，一黑褐色公道杯，三盏品茗杯，陶瓷茶具，古拙厚重，造型朴实，与普洱茶的陈香相映生辉。"古琴"之下，自然、随意翻开的书卷，书卷香，琴声悠悠，朋友来，愈喧愈静。一卷好书，一杯清茗，三五知己，人生常能得此足矣。

创新点

初看茶席设计，其背景图中高山、犹如流水的地铺、一把宛如古琴的茶船，碰撞出知音相遇的火花，细看又超越了"高山流水觅知音"的套路。作品以茶为核心，用简单大气的褐色系陶瓷茶具搭配厚重的普洱茶，用茶、人、书三个元素"渴望遇知音"的共性烘托茶席"知己"的主题，背景图中《五言月夜啜茶联句》是颜真卿邀友人月夜啜茶，几个志趣相投的友人品茗谈心，余香隽永，再次扣题。

表达思想

普洱茶，好的茶料加上时间的积累，成就岁月的陈香，茶如人生，看尽世间万物，阅尽人生百态后，真情换来一辈子的朋友，在时间的积累中弥足珍贵；人生也是一本书，最是读书滋味长，泛着悠悠墨香，如品香茗，浓淡自得，滋味悠长，与书相伴，今生何求。高山流水遇知音，人生必有一知己无话不谈，无话不说。

人生何求？一杯茶、一本书、一知己……

案例赏析

茶席设计三——"东篱菊茗"教学案例分析
学生：叶嘉欣 指导教师：梁良、叶娜

图 10-3 东篱菊茗（获 2016 全国职业院校技能大赛中华茶艺广东省选拔赛二等奖）

茶席主题

"东篱菊茗"。

选用茶叶

铁观音，茶条卷曲、壮结、沉重，汤色金黄，浓艳清澈，叶底肥厚明亮，茶汤醇厚甘鲜，入口回甘带蜜味，香气馥郁持久。

选用茶具

柴烧茶具一套、一壶、三品茗杯。

创作思路

文人墨客自古偏爱菊与茶，每个人心中都有一个陶渊明，渴望着"采菊东篱下，悠然见南山"的日子。秋凉时分，一壶清茶，沏出浓浓的感悟；一杯在握，芬芳绕指，便有了三日不绝的袅袅情思。

整个茶席以银白色布为底，以淡黄色纱巾为衬，辅以山石、篱笆、菊花、香炉，构造成一幅"心远地自偏"的东篱菊茗图。落花飘零，代表了尘世繁华终会成空，凡尘俗世，不如相忘于江湖，赏一抹菊花，喝一杯淡酒，予一壶清茶，让你我时光两相忘。

 本章小结

本章主要介绍了茶席的概念，茶席设计中的要素及应用要点，使学生通过学习能够合理设计茶席。

知识链接

1. https：//v. qq. com/x/page/a0319sry7v9. htmL（腾讯视频：茶香记茶席设计）.

2. http：//dy. 163. com/v2/article/detail/D37CNNJO0521IUF5. htmL（网易订阅：第四届茶奥会茶席设计参赛作品赏析）.

第十一章　茶艺表演与茶会组织

学习目标

1. 了解茶艺表演的具体特征。
2. 掌握茶艺解说词编排的原则。
3. 掌握茶艺背景音乐的选配。
4. 掌握茶会组织的流程。

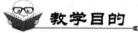

教学目的

1. 能够运用相关美学知识编排茶艺表演。
2. 能进行小型茶会的组织。

主要内容

茶艺表演、茶艺表演中音乐的选择与编配、茶会组织。

案例导入

龙井茶产自"上有天堂、下有苏杭"的西湖之畔。诗人常用"黄金芽、无双品"等美好词句来表达对龙井茶的酷爱。冲泡前的龙井茶干茶外形：条索扁平，匀齐光滑，形似莲心。它以"色绿、味醇、形美、香郁"四绝著称于世。

玉手净素杯。目的是为了提高器具的温度，使茶的色、香、味能更好地发挥出来。

玉壶含烟。龙井茶是天地孕育的灵物，优质的茶叶更是不可多得。若用开水直接冲泡，则会烫伤茶叶，影响茶叶的真香实味，品饮时，茶汤会有熟烫味。

暖屋候佳人。将龙井茶比作让人一见倾心的绝代佳人，暖屋即指冲烫后的茶杯，暖屋候佳人即投茶。

甘露润春茶。

碧波诿茶香。

流水媳丹春。

观音捧玉瓶。

意在祝福各位来宾一生平安。

现在请各位来宾与我一同品茶。

请找出解说词创造中的注意事项或禁忌操作。

第一节 茶艺表演

茶艺表演与茶会组织既有区别，又有关联。茶艺表演是以表演的方式向人们展示茶艺的魅力，而茶会组织则是组织人们参与茶会活动。茶艺表演既可以是茶会活动的一部分，也可以是其他活动的组成（如展销会时的表演）；而茶会则是以茶事为中心的活动，也可以是其他活动的辅助方式之一（如茶话会时以座谈为主）。

一、茶艺表演的基本要素

茶艺表演的基础首先是要用科学的方法泡、饮好一壶茶，这也是茶艺表演的根本。而茶艺表演的重点又是艺，只有运用综合的艺术手段，才能达到茶艺表演的美好境界。但审美效果的实现并不代表已体现了以茶为应用的思想内容。因此，只有在茶艺表演的过程中，通过综合各艺术形式要素，体现一定的文化内涵，给人以某种思想的启迪，才能使茶艺表演上升为茶道的层次并获得其精神内容。茶艺表演的基本要素如下：

1. 茶品

作为物质形态的茶，不仅是茶艺表演的载体，也是茶艺表演最终要达到某种境界的重要基础。不同类型的茶，因其所形成的不同物质和文化特征，往往是茶艺创意表演的重要条件与线索。

2. 茶具

茶具是泡茶、饮茶的用具。质地良好，使用方便，是选择茶具的首要因素。但在茶艺表演中，此时的茶具已不仅仅是作为单纯的泡茶工具而出现，由于不同材质、不同形状、不同色彩、不同文饰的茶具，常常表达了不同的文化特征及一定的思想和情感，因此作为茶艺表演的茶具，在选择时还要注重它的文化性。它不仅要与茶相配，更要与茶艺表演的主题相吻合。许多人为了茶艺表演，还专门去设计、定制茶具，可见茶具在茶艺表演中的重要性。

3. 道具

道具是艺术表演直接与间接的用具。在茶艺表演中，桌、椅、植物、盆景、挂件、背景物等都是表演的道具。有些道具甚至还承担着暗示或象征茶艺表演主题的重要角色。设定道具，还要总体把握它们的形状、体积、距离、色调和品质，以免喧宾夺主甚至妨碍表演的顺利进行。

4. 茶席

茶席既是茶具放置的平台，也是茶艺表演营造意境的物象形式。近年来，人们已越来越重视茶席的设计，因为它通过茶品、茶具组合、铺垫、插花、焚香、挂画、相关艺术品、茶果茶点、背景等要素，进行一定的创意结构设计，往往在表演之前，就已营造了反映一定主题、思想和情感的茶道意境，以便再通过茶的科学冲泡和艺术表演，在动静相融中，使人们更深刻、更全面地体会茶道的精神和美好境界。

5. 音乐

音乐历来是表演艺术的翅膀，也是营造意境的重要手段。茶文化基本属于传统文化的范畴，因此茶艺表演选择的音乐，也通常是采用传统的民族乐器演奏的乐曲。其中，古琴、古筝演奏的古曲，又是最常采用的基本音乐。然而，再完美的音乐，总是反复去听，也会失去最初的新鲜感。何况基本旋律深沉、节奏缓慢的古琴古曲，也不都适合现代茶艺丰富的内容和情感的表达。茶艺表演的音乐，无论是古代茶道，还是现代茶艺，首先应根据茶艺的内容来选择，同时还要根据内容所要体现的情感与意境来选择。茶艺表演的音乐创新，对茶艺的编导者来说，始终是个很大的难题。

6. 服饰

服饰的重要性已在目前的茶艺表演中越来越显现出来。人们已不再简单地一味选择旗袍，而是根据茶艺表演主题的需要，进行多品种、多样式的精心选择或专门制作。服饰选择与制作的基本原则是：一要合体，二要得体，三要有美感，四要新颖，五要别致。同时，作为艺术表演的服饰，还要有恰当的夸张。舞台和观众有一定的距离，而这种距离，恰恰正是产生美的有利条件。在一般舞台灯光的照耀下，这种夸张显得尤其重要。

二、茶艺表演的形式

1. 单人表演

泡茶技术的高低，一般都是由个人来体现的，在泡茶过程中融入艺术肢体语言表达的茶艺表演，一般也应由个人来完成，这便是单人的表演形式。单人表演形式要求全部表演过程都由个人来完成，因此在表演之前，必须将表演过程中不便单人完成的事情全部预先做完，如茶席的全部摆放，电热"随手泡"的接线等，并将奉茶盘放于茶席的隐蔽处，以便悄然取出。单人表演，从动态表演气氛来看，虽然不及多人表演人多势众，但从单纯技艺的表现来说，单人表演又更容易获得观众集中的审美感受。当然，单人表演是最显功力的一种表演形式，对表演者的要求也更高。

2. 多人表演

多人表演分为两类：一是由一人作为主泡，多人作为副泡；二是多人同时泡茶。

多人表演形式显然表演气氛较好，有舞台的饱满感，容易创造一种气势。但从目前的一主泡二副泡的形茶艺表演的形式来看，没有将二副泡的表演与主泡的表演融为一体，缺乏一种完整感，而是二副泡仅仅作为个别茶具的传递者，更多的时间是作为闲人站立在主泡的两侧，成为可有可无之人。这是一种艺术编排的失败。多人同时泡茶的形式，只适用于大型的茶文化活动。但作为艺术形式的表演来说，多人同时整齐的泡茶动作，不仅看上去像在做一种团体操，而且，同时整齐的动作并不符合科学的泡茶规律，表演者只能严格地按照音乐的节奏去追求动作的整齐性，至于泡茶，也只能是一种做秀罢了。

3. 站式表演

站式表演，意味着对表演区座椅的舍弃。站式表演增加了肢体语言的活动范围，可在多人表演形式中与他人交流时，更多地发挥肢体语言的变化效果。同时，站式表演还能在茶席前自如地调整与茶席的距离，使泡茶语言的运用更方便、更自然。但站式表演因表演的时间长，往往容易产生表演的疲劳，影响长时间的最佳表演状态。站式表演还因茶桌的高度基本一致，在使用茶桌上的器具时，若表演者的身材较高，往往又容易造成弯腰过大而影响造型的美观。这些都是在采用站式表演时需要加以把握的。

4. 坐式表演

坐式表演是指坐在茶席前的凳（椅）上进行的表演。坐式表演虽然肢体语言表现范围受到一定的限制，但坐式表演不容易疲劳，有利于表演时的全神贯注。但在进行坐式表演时，座椅与茶席的距离不能随意调整，太远或太近都有损于姿态的完美。这就要求在表演前进行试坐，将座椅与茶席的距离预先调整到最佳的位置。

5. 跪式表演

跪式表演一般用于中国古代茶道和日本、韩国茶道，某些因主题需要的现代茶艺也可采用这一表演形式。跪式表演通常用席或毯作铺垫，所有的茶器具均摆在铺垫之上进行表演。跪式表演古意浓浓，一些礼仪的表现也显得十分真实。由于现代人不常跪式生活，偶尔长跪表演，突然起身奉茶时，常会腿脚麻木，站立不稳。下跪时，也有可能脚踩裙摆而摔倒。前者可预先放一块柔软的垫子使膝盖跪在垫子上，后者则在下跪前稍稍提起前裙摆。跪式表演不便身体移动，凡需使用的器具，在表演之前应放置在跪后双手能握取的范围内，并进行试取。

三、茶艺表演程序设计

茶艺表演时要注意两件事：一是将各项动作组合的韵律感表现出来；二是将泡茶的动作融进与客人的交流中。所以茶艺程序设计要让观众在观看中有所感悟。茶艺程序设计包括主题定位、茶席设计、服装设计、音乐选择、文案编写、人员及动作设计、主题定位方面，能够根据需要编创不同茶艺表演，编制茶艺服务程序，并达到茶艺美学要求。茶席设计方面，能够根据茶艺主题，配置新的茶具组合。音乐选择方面，能够根据茶艺特色，选配新的茶艺音乐。服装设计方面，能够根据茶艺需要，安排新的服饰布景。在文案编写方面，能够用文字阐释新编创的茶艺表演的文化内涵。

1. 主题的确定

主题思想是茶艺表演的灵魂，无论是取材于古代文献记载还是现实生活，表演型茶艺都要有一个主题。有了明确的主题后，才能根据主题来构思节目风格，编创表演程序和动作，选择茶具、服装、音乐等进行排练。

2. 人物的确定

根据主题要求，首先确定表演人数。一般茶艺表演的组合有一人、二人、三人和多人。确定了表演人数之后，接下来就要挑选演员了。茶艺是一门高雅的艺术，表演者的文化修养与气质将直接影响茶艺表演的舞台效果，因此必须仔细挑选。茶艺表演人员的形象要求除了要符合大众的审美标准之外，还要综合考虑演员的文化素质和艺术修养，所以应尽可能挑选有一定文化修养且又懂茶艺的演员。

3. 动作的确定

动作主要是指表演者的肢体语言，包括眼神、表情、走（坐）姿等。总的要求是动作要轻盈、舒缓，如行云流水，可以运用一些舞蹈动作，但动作幅度不宜太大，也不能过于夸张，以免给人做作之感。此外，编排者还应注意整个程序要紧凑，有变化，要能吸引人。

4. 服饰的确定

服饰包括服装、发型、头饰和化妆。服饰要根据主题来设计，主要以中国传统服饰为主，一般是旗袍或对襟衫和长裙。服饰选择方面要考虑应与历史相符合。服饰选择时最好还能与所泡的茶相符合。

5. 道具的确定

道具主要是指泡茶的器具，包括茶具、桌椅、陈设等，是茶艺表演的重要组成部分之一。道具的选择主要是根据茶艺表演的题材来确定，茶艺表演中应避免出现明显的败笔。

6. 音乐的确定

音乐可以营造浓郁的艺术气氛，吸引观众注意力，引导大家进入诗意的境界。茶艺表演过程中，演员不宜开口说话，更不能唱歌，所以选用音乐对氛围的营造十分重要。一般来说，音乐要与主题相符，以便帮助营造氛围。

7. 背景的确定

表演型茶艺多在舞台上进行演出，因此要根据表演主题来进行背景布置。茶艺表演的背景不宜过于复杂，应力求简单、雅致，以衬托演员的表演为主，让观众的注意力集中在泡茶者身上而不能喧宾夺主。

8. 灯光的确定

茶艺表演中灯光一般要求柔和，不宜太暗也不能太亮、太刺眼，太暗会看不清茶汤的颜色，更不能使用舞厅中的旋转灯。

四、解说词编写

茶艺解说贯穿泡茶全过程，应具有较高的文学水平。茶艺解说应契合茶道精神、生动准确、娓娓动听，既有生活性，又有趣味性。一套好的茶艺解说，内容应简明扼要，应具备说明性、顺序性、艺术性。

1. 讲解词的编写格式

茶艺表演的讲解词，无疑是对表演的内容所进行的讲解。它的格式大致如下：

（1）茶艺表演的名称。

（2）开场问候语及对茶艺表演名称的表示。

（3）茶席设计的用意。

（4）茶艺表演的主题。

（5）茶品的由来与特色。

（6）茶品的冲泡过程与方法。

（7）奉茶语。

2. 讲解词的编写内容

运用在艺术表演中，讲解的内容就必须通过艺术的语言方式来表达。简单地说，就是语言文字要具有一定的文学性。根据格式，具体的内容编写要求如下：

（1）茶艺表演的名称。这是文章的标题，只要居中写下名称即可。

（2）开场问候语及对茶艺表演名称的表示。这是讲解者开场的语言，要写出对观众的亲切问候及告诉大家接下来茶艺表演的名称。

（3）茶席设计的用意。这一节要将各类器具包括整个茶席设计的特点及用意告诉观赏者，使大家对它有个初步的了解。

（4）茶艺表演的主题。主题是茶艺表演的思想内容，同时也是它的精神内容。这一节要写出这套表演体现的是怎样的思想与精神，以及它在历史与现实中的地位和作用。

（5）茶品的由来与特色。这一节要写出本套表演所选的是什么茶，它产自哪里，有什么典章、故事，以及它的基本特色。

（6）茶品的冲泡过程与方法。这一节是茶艺表演的中心内容。要写出这种茶的冲泡过程，以及每个阶段甚至每个动作的称谓，并通过这些称谓反映出一定的文化内涵。

（7）奉茶语。奉茶语是一种致敬语，要写出对宾客的真诚敬意和美好祝愿。同时，奉茶语还意味着全套茶艺表演的结束，因此，在奉茶语的最后，还要写上如：某某茶艺表演到此结束，谢谢大家的观赏。

五、茶艺表演案例

广州工程技术职业学院于 2011 年开设茶艺课程，与旅游专业相结合的教学内容一直是该校茶艺教学的特色之一。三年来，该校结合旅游专业的特点不断进行教学改革，调整教学内容，如在茶艺创编方面，在保证茶艺表演的观赏性和过程的严谨性的前提下，突出茶艺表演的创新性，结合专业特点设计具有旅游特色的茶艺表演。在要求学生掌握基本茶艺冲泡基础上，创作有旅游专业特色内容的茶艺表演。该校创作的"流溪香雪"在 2016 年广东省高职院校中华茶艺技能大赛中荣获创新茶艺第一名。

1. "流溪香雪"的主题思想

"流溪香雪"创新茶艺作品以名扬广东的从化流溪河冬季梅景为主题形象，将茶与梅结合，再现流溪河一年中最美的景致：每年冬季，10 万余株梅花熬着寒冬怒放，与潺潺的流溪河水、连绵的青山辉映，形成"流溪香雪"这一南国奇观。"流溪香雪"利用从化当地旅游资源进行茶艺表演主题设计，以茶文化为载体，为推广地方旅游文化做出贡献。

2. 沏泡茶品、选用茶具

沏泡茶品：英红九号。

选用茶具：陶土梅花茶具一套（一壶、一公道壶、梅花茶盏五个）、铁制煮水炉壶一套、竹制茶荷一个、茶匙一个、茶夹一个，陶制水盂一个、竹制茶道组一套等。

3. 元素设计

（1）背景设置：以幕布固定形式作为背景。以冬日碧空下，一枝洁白晶莹、芬芳盈溢的雪梅为背景，让人感觉置身于天地之间，风拽梅舞中，细品一杯香茗，幽幽感受从化的静美（图 11-1）。

图 11-1　茶艺表演：流溪香雪

（2）茶席设计：茶席的设计给人清幽淡雅之感。采取地铺形式，深蓝色桌布席地而铺，代表广袤大地。一把铁壶，沉着稳重，寂光幽邃，壶底泉鸣，涌泉连珠，用磨砂白石子模拟波光粼粼的流溪河水，宛如从壶嘴缓缓流淌，河水弯曲而下，河流上飘落的梅花，再现淙淙的溪流中一片香雪的美景。

（3）茶具：陶土梅花茶具。主泡器梅花壶居中，右手公道壶、水盂，五个梅花陶土茶盏置于白石子之上，以红叶为杯托。

（4）服饰：主泡身着白色手绘写意梅花长裙，素净的长裙，洁净、飘逸，就如一枝不染纤尘的梅花，佳人、梅花、茶勾勒芳香绵长的香雪图。

（5）音乐：由助演现场演奏清幽的古筝曲《雪梅思君》。这是一种人、茶与梅花交相融合的表演意境，音乐深刻烘托了三五茶友，漫步在流溪之畔，梅树成林的花间，择清幽一处，沏一壶寒冬暖茶的场景。

4. 表演程序与解说

（1）表演人数：一人主泡、一人助泡、一人古筝伴奏。

（2）表演程序与解说

进场：主泡念诗从左缓缓入场，诗毕，伴奏从右入场至古筝前，主副二人行真礼后入位。

茶艺展示：赏茶、温具、润茶、冲泡、出汤、奉茶、品茗、回味。其中冲泡后，主泡在每盏梅花杯中置放一朵干梅花，出汤，梅花在杯中翻滚沉淀，在茶汤中恣意绽放。

（3）作品解说词

入场：梅雪争春未肯降，骚人搁笔费评章。梅须逊雪三分白，雪却输梅一段香。

从化位于广州之北，每年冬季，10万余株梅花熬着寒冬怒放，与碧绿的流溪湖水、连绵的青山辉映，堪称南国一大奇观，今天让我们同走进这"流溪香雪"。

温具：流溪河畔，绿水萦绕，漫山遍野，凝如积雪，梅花初苞，香韵淡淡，这雪海香涛中，让人除却尘世的一切烦恼与忧愁。

赏茶：淙淙的溪流，奏响山野特有的天籁，铜杆铁枝，冰肌玉骨，有着白雪一样的灵魂。流溪两岸，一片香雪，于是有了这仙境般动人的流溪香雪。

润茶：约三五好友，漫步在流溪之畔，梅树成林的花间，择清幽一处，沏一壶寒冬暖茶，携一缕清香。

冲泡：高山上渐现落英缤纷，香雪成海跃上枝头，"流溪香雪"芳香绵长。

洗杯：梅，适遇寒流，却无悔绽放，凌寒留香；茶，浮浮沉沉，清清淡淡，荡涤心怀。

出汤："一树独先天下春"，梅花树下品一壶好茶，阵阵幽香犹如纷扬的花瓣，轻轻地将浮躁的灵魂覆盖。

奉茶：在那儿我们只想闭眼，呼吸这纯得不带一丝杂质的清香，让我们远离劳碌的生活，增添一份清醒和从容、悠然与超脱，体会自然的静谧与美好。

品茗：绿水悠悠，青山绵绵，白雪皑皑，愿我们有缘在流溪香雪里相逢，人与草木相安，心如茶之淡泊，用清丽的心感受从化的静美、梅的清雅、茶的芬芳。

5. "流溪香雪"的文化解读

（1）展示从化美景为文化主题

节目的编创有现实的土壤，又正逢其时的时空交集。从化"流溪香雪"是广州流溪河国家森林公园别具特色的旅游风景区，也是东南亚地区最大的梅林。2015年12月12日—2016年1月26日第十四届"梅花节"广东从化流溪梅花节在从化流溪河森林公园拉开帷幕。此茶艺表演创作和表演时正值梅花盛开时，"流溪河畔，香雪萦绕"已成为从化特色旅游景点，以此为创作背景，结合茶艺冲泡程序，把秀丽的自然风光与茶文化的推广有机结合，既用茶渲染了"流溪香雪"的人文气息，又达到了旅游业对传统茶文化的继承和弘扬的目的。

（2）展示梅花的高贵品格为主题

茶和梅，都是山中清物，梅，适遇寒流，无悔绽放，凌寒留香，茶，浮浮沉沉，清清淡淡，荡涤心怀。茶在茶人的杯中醇香流韵，梅在自然的怀中熬寒怒放，本作品以踏青寻梅、赏梅品茶为灵感，体现梅凌寒留香的高尚品格，以及泡茶人的雅致情怀。

第二节　茶艺表演中音乐的选择与编配

茶艺表演是融合音乐、表演、服饰、舞美、戏剧、语言、文学等诸多内容的综合文化艺术形式。音乐在茶艺表演中起到了举足轻重的作用。茶艺编创过程中，音乐选择和编配是否合适直接影响茶艺表演的整体效果：合则与茶艺融为一体，突出和升华茶文化内涵；不合则弄巧成拙，破坏美感。

茶，起源于中国，传播于世界。经过岁月沉淀和文化积累，茶文化已成为中国传统文化中的重要内容。随着传统文化的复兴，"一带一路"的大背景，茶文化愈加受到国内外人民的追捧，各类茶事活动百花齐放、层出不穷。茶艺表演作为茶文化的外在展现形式之一，其呈现形式和主题内容也多姿多彩日渐升华。茶艺表演是泡茶者通过茶叶的冲泡技能展示，依托主题和环境，带领欣赏者体会茶文化的内涵和艺术美的心理感受的过程。茶艺表演中合适的音乐能促成升华表演，带给人全方位的心理享受。

当今不少茶艺编创注重视觉形式美，忽略听觉感受美。视觉形式在茶艺表演中表现的是客观技法，是对欣赏者在色彩、形状、线条、动和静方面的视觉刺激和引导。听觉感受在茶艺表演中更强调主观导向，它是靠声音（音乐）对欣赏者在意境、情绪、文化等方面的心理刺激和引导，在表演过程中会更直观地牵引欣赏者的思维和情绪。视觉形式与听觉感受二者相辅相成，互相促进，共同为茶艺表演的主题和内容服务。

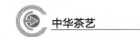

茶艺音乐在茶艺表演中占有重要的地位和作用，一部优秀的茶艺作品要求编创者在创作的过程中对茶艺音乐做出慎重理性的分析和选择。编导从创新茶艺表演的经历中总结如下原则。

一、遵从茶艺表演的统一性

要实现茶艺表演中视听的统一和谐，需要表演内容、表演节奏、故事情节发展、民族文化、地域文化、茶席设计、场景布置、茶器配置、服饰礼仪、茶艺音乐等与茶艺主题相一致。在"大一统"的前提下进行创作才可完成创新茶艺表演的第一步要求——统一。内容和形式的统一才能促成一部和谐的茶艺作品。实现创新茶艺表演中音乐选择的统一性，需考虑以下六个方面。

1. 遵从风格的统一

首先要考虑所选的音乐与茶艺表演内容风格的统一。晚唐诗论家司空图在《二十四诗品》中对"艺术风格"有雄浑、冲淡、高古、典雅、绮丽、豪放、疏野、清奇、飘逸的分类，茶艺作品的风格也是如此。编创者可在茶艺表演内容的时代、情节、民族、地域、故事发展等方面挑选与之风格一致的音乐。比如创作以苏轼为主题的茶艺作品，可挑选具有宋代特点的音乐或与主题切合的由苏轼文学作品改编的音乐。其次要考虑整个表演过程中不同段落所选音乐的风格统一。随着表演内容的展开，创作者可根据内容情绪的推进、表演节奏的变化、重点段落的突出等选择不同的音乐，但前提是整部作品的风格基调不变。

2. 遵从情绪的统一

一部茶艺作品有了主题设计，所展开的内容便具有了故事性、画面性、发展性，三个特性中"情绪"的存在是作品的色彩呈现，茶艺表演能够给人以色彩上的心理呈现才更能突出它的精彩。作品的情节情绪有多种，或忧伤、或欢喜、或悲泣、或平静、或振奋、或愤怒、或愉悦等，音乐作品的情绪无外乎"喜""怒""哀""乐"，挑选音乐时若能对表演内容情绪的变化，有针对性地遵从统一，可对作品有渲染感情、承上启下的作用。比如创作一部以近代中国革命为题材的茶艺表演作品，其中旧社会百姓遭受各种压迫的情节情绪应是"哀"的，面对侵略者奋起抗争的情绪应是"怒"的，抗战胜利全国解放的情绪应是"喜"的，追求幸福奔自由的情绪应是"乐"的。与作品主题内容统一的音乐，能推动情绪，让茶艺作品艺术升级。

3. 遵从文化的统一

创新茶艺表演，把茶的物质属性用艺术形式来诠释，茶文化起源中国，传播世界。创新茶艺表演中可以有中国文化，也可以有外国文化；既可以有汉族文化，也可以有少数民族文化；可有古代文化，也可有现代文化；可呈现单一文化，更可展示多元文化。创新茶艺表演目的是诠释茶文化、演绎茶文化、传承茶文化、传播茶文化，音乐艺术的背后同样是文化的托举，并在创新茶艺表演中为表演服务。不同时代、不同国度、不同地域、不同民族种族、不同环境造就了不同的文化，不同文化造就了不同音乐艺术。几者是相互联系、相互促进、一一对应的。这要求创编者必须在了解音乐文化的基础上，挑选与所要展现的茶文化相统一的音乐素材，比如编创一部以草原人家为题材的作品，在了解蒙古族历史和风土人情的前提下，音乐可挑选蒙古长调来表现草原的辽阔和牧民对草原的热爱，蒙古短调表现草原人乐观勇敢的性格，民族乐器马头琴演绎的草原乐曲可直接将欣赏者带入情境。选择切题的茶艺音乐，需要在熟悉茶文化、民族文化、历史文化的同时，了解与之对应的音乐文化，才可实现作品文化上的统一。

4. 遵从主题内容的统一

创新茶艺表演的核心是主题，有了主题才有内容，再有服务于内容的演、视、听、赏等元素的创造。创编时选择的音乐必须始终围绕主题展开。在表现的内容中，必有时间、地点、人物、场景、感情等要素，音乐的选择要从这些要素中把握标准。比如以传统婚礼茶为主题的创新茶艺表演，应始终围绕"传统""婚礼"的关键字挑选音乐：从音乐情绪上应挑选能够描绘婚礼喜庆热闹、幸福和睦的欢快乐曲；从音乐文化上应挑选中华传统音乐；从音乐风格上应挑选欢快的，既有民间风情又高雅不俗的音乐；从演奏乐器上应以民族乐器中的唢呐、笛子、胡琴、锣鼓、扬琴、琵琶为主，而常被人们用在茶艺表演音乐中的古筝、古琴、萧、埙等乐器此时就不适合，此类乐器更多呈现亘古、悠远、深沉、抒情的美感，不适合表现喜庆的主题，而民乐合奏《喜洋洋》《金蛇狂舞》《喜庆的日子》《娱乐升平》等曲目则是此主题可选的经典曲目。

5. 遵从节奏的统一

创新茶艺是表演艺术，表演者的肢体动作、情节发展的脉络，均有节奏的存在。流动的艺术形式（音乐）往往通过"轻""重""缓""急"的手法来表达，完整的作品应有"起""承""转""合"的规律过程，也可描述为"开始""递进""高潮"和"结束"四个方面。人的心理变化、创作表演、音乐的发展都遵从此规律。一部创新茶艺作品，如果从头到尾都是"静""慢""轻"，虽不能说是错，但违反了人类欣赏艺术时的心理发展规律，很难直入人心。在十几分钟的表演时间内，若作品未能掀起欣赏者内心的波澜，总会留下些许遗憾。泡茶的过程并不适合大幅度的肢体动作和快速的速度，所以由节奏掌控的推动作品情绪发展的重任就落在音乐的流动上。以急速的节奏体现表演内容情绪的紧张或愉悦，以舒缓的节奏体现平静或温馨，以轻盈的力度体现神秘或细致，以沉重的力度体现大气或震撼。因此要根据茶艺作品感情的节奏发展挑选音乐，合理利用音乐节奏的作用推动茶艺表演的情感表达。

6. 遵从时间的统一

全国职业院校中华茶艺技能大赛规定创新茶艺表演时间不少于 10min，不超过

15min（民族茶艺、宗教茶道等可适当延长至20min）。音乐时间与茶艺表演作品的时间统一不容易做到但又必须做到，否则破坏了作品的完整性。若根据一首完整的音乐作品展开联想编创茶艺表演的主题内容，且该音乐作品在10min～15min之间，当然最合适不过。但无论是这种创作方式还是寻找此类音乐素材都给编创者带来很大困难，通常情况下一首音乐均在3min～6min之间，超过10min的音乐需要在音乐剧、舞剧或者影视剧中寻找，且素材量非常有限。

首先根据茶艺表演剧本内容搜集合适的音乐，再根据表演内容的需要剪辑拼合音乐，使其与茶艺作品在时间、内容、发展和节奏上相对应。音乐时间与茶艺作品的统一，不是"演多久播多久"的统一，而是根据表演内容设计的统一，乐句与乐句之间有呼吸，泡茶者手上的一起一落也有呼吸；乐段与乐段之间有层次，台上沏茶与台下敬茶之间也有层次。此呼吸和层次在音乐中是以时间的流动进行的，因此不可大乱阵脚，应尽量做到音乐与表演的呼吸和层次上的统一。这种统一外在表现为时间上的统一。

二、保证茶艺表演的完整性

一部成功的创新茶艺表演应是有始有终的，无论是泡茶的程序、表演的内容、情景的进行、感情的变化、语言的表达、音乐的播放等都要完整。既要有作品总体上的完整，也要有层次上的完整。音乐中一个乐句即是一句话的表达，一个乐段即是一段话的表达，需要完整进行，即使需要根据内容剪辑音乐，也不可破坏音乐语言的完整性，否则弄巧成拙。例如创作一部以母爱为主题的茶艺表演作品，创作者选用了《烛光里的妈妈》这首歌曲作为背景音乐，其中一个乐句为"哦妈妈，烛光里的妈妈，你的腰身倦得不再挺拔"，如果在茶艺表演中为了满足时间要求或者为了与表演节奏相一致而剪辑为"哦妈妈，烛光里的妈妈，你的腰身倦"，这就破坏了茶艺表演的完整性，甚至主题意思都会受到影响。破坏了音乐语言的完整性，会导致破坏茶艺表演的完整性。

至于是否一定需要音乐贯穿茶艺表演的始终，关键要根据主题内容编配而定。音乐可以设计在表演时起，与表演同时结束；也可设计仅在中间段落有配乐，只要符合表演主题的内容和节奏，并不限定音乐出现的时机，音乐终归是为茶艺表演服务的，只要适合的就是好的。

三、知悉茶艺音乐的文化性

茶艺与音乐的结合要尊重文化。编创者需要根据主题内容中的地域、民族、时代、事件等要素了解与之相关的音乐文化。若要选择最合适的音乐，首先要会欣赏音乐。音乐的欣赏层次由浅到深分别为听赏、欣赏、鉴赏。生活中的休闲品茗播放背景音乐是放松身心，这是最初阶段的认识——听赏，此阶段涉及不到太多音乐文化，仅仅听的是感觉。欣赏是对音乐中级阶段的认识，需要了解音乐的构成、进行和表达，能够伴随音乐的流动产生故事联想和画面感，能够听得出音乐的情绪和内容，这个阶段有文化的存在。鉴赏是对音乐高级阶段的认识，是对艺术理性的赏析，需要对构成音乐要素的旋律、节奏、曲式、和声、乐器、风格、历史背景、地域文化，甚至作者的创作意图、创作手法、作者的生平和经历等进行客观分析和了解，进而在聆听过程中做到全身心的欣赏。

鉴赏阶段是文化和艺术的结合诠释。茶艺表演编创者若要挑选一首最佳的音乐，仅仅觉得好听是不够的，至少要达到聆听音乐的中级阶段欣赏层面。例如创作一部展现杭州风情为主题的创新茶艺表演，如选用著名乐曲《平湖秋月》作为背景音乐可能并不恰当。虽然平湖秋月是杭州的著名景点，作曲者的初衷是描绘西湖的美景，但该曲由广东作曲家吕文成先生创作，全曲几乎都是粤曲的音乐元素，除了曲目呈现出的景观意象与湖景有关外，乐感上没有"杭州味道"的存在，而是"广东味道"的描绘。如仅是湖光美景的主题表演，此曲适合；如是介绍杭州风土人情的主题表演，此曲则不适合，缺少了杭州地区的音乐语言，忽略了乐曲背后的音乐文化差异。因此在编配音乐时必须知悉所选乐曲的音乐文化，以更完美地服务于茶艺表演。

四、把握茶艺音乐的应用性

编配创新茶艺表演音乐必须要清楚音乐的使用意图和表达对象。茶艺音乐为茶艺表演服务，茶艺表演的对象是观众。故茶艺音乐至少要把握两个方面的应用性：一是能够精准地应用于茶艺表演的内容。二是能够应用于欣赏者的心理接受。欣赏者的文化程度、理解能力、所处环境、欣赏目的、欣赏角度的不同都会影响到表演结果的整体评价。

在编创过程中应对欣赏者的群体进行了解，有针对性地进行音乐的选择。选择原则应照顾到大多数欣赏者。接受美学认为任何一种艺术形式的存在都以人的接受和反馈作为结果来证明的，所以茶艺音乐的选择必须考虑受众的心理。人类对艺术作品的鉴定存在审美的主观性，欣赏者的差异会导致作品评价的差异，把握音乐的应用性即是把握欣赏者审美上的共同点，音乐呈现的结果应用在欣赏者审美共同点越多，作品越成功。

五、拓展茶艺音乐的多样性

茶艺表演具有多样性，茶艺音乐也需要有多样性。创新茶艺表演中的音乐选择不能局限在狭义茶艺音乐概念范围内，而应根据茶艺表演作为舞台剧目的属性，去拓展背景音乐的应用范围。由此创新茶艺表演中茶艺音乐可定义为能够服务于茶艺表演主题内容的音乐形式：可以是流行歌曲，也可以是古曲吟唱；可以是中国传统乐曲，也可以是西方古典音乐；可以是独奏乐曲，也可以是合奏乐曲；可以是音乐，也可以是

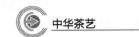

戏曲、曲艺……总之，只要表演内容需要且合适，是不限所选音乐的内容、形式、体裁、年代等范围的。

六、恪守茶艺音乐的精炼性

茶艺表演的茶艺音乐要遵从时间的统一性，需要音乐内容的精炼，拖沓的音乐可能导致作品的失败。"精"视为正确、合适、完美，"炼"视为简约、精致、最佳。"精炼"要求创编者对所选择的音乐要精挑细选、百般雕琢，对待作品的每一步创作都要有匠人精神。实现音乐的精炼，一是要有足够多的音乐素材的知识量，千里挑一甚至万里挑一才可做到"精"；二是要对音乐进行分析和思考，乐曲的每一个乐句，每一种体裁，每一个情绪，每一种文化都要认真解读，锤炼最佳部分应用于茶艺表演作品中。

七、服务茶艺表演的层次性

创新茶艺表演过程中内容的发展、感情的变化、情节的起伏、语言的表达、表演者舞台定位的移动、舞美色彩和风格设计等都是层次性的体现，茶艺音乐伴随以上要素也要有层次性。一首完整的音乐作品中有段落层次之分，编创者选择时需要分析清楚层次的界点和意义。一部茶艺表演经常需要由几首音乐编辑而成，需要编创者能够把握作品内容和感情发展的变化层次，根据作品层次的变化需求选择合适的音乐。有了作品各要素层次上的统一呈现，才能给茶艺表演鲜活的生命。音乐服务表演的层次性有起有落、有始有终、有明有暗、有静有动、有进有退，能让作品的展开如海浪涌动、如日出日落、如孩提暮年，生动精彩有内涵。

八、体现茶艺表演的创新性

创新茶艺表演是新时期人们根据社会需求提出来新概念和茶文化表现形式。存在即价值。此过程的最大亮点即"创新"。笔者认为茶艺表演的创新无穷无尽，表演形式、表演内容、表演主题、场景设计、茶器选置、服饰礼仪、音乐编配等在弘扬茶文化深刻内涵和精神境界的前提下，均可创新，有了创新才有更好的传承。

在各级茶艺竞赛中，"创新茶艺"的分值比重较大。茶艺音乐的创新对作品可起到锦上添花、画龙点睛的作用，它可以通过音响最直接地引导观众的欣赏意识方向。创新就是要在尊重传统文化的基础上打破传统的表现方式和表现途径。社会在发展，多元的文化、科技、信息不断交融，为传统茶艺创新提供了太多便利条件。只有勇于想象和尝试者才能获得更多机会。

在茶艺音乐的创新方面，编创者要开阔思维，大胆想象，生活中要注意观察，学习中要尝试跨界，闲暇中注意捕捉灵感，要从多个角度观察和思考同一个问题，在历史、文学、戏剧、影视、绘画、曲艺、时事、科技、地理等多个方面尽量积累知识。

好的艺术作品越来越呈现跨界融合的趋势，创新需要建立在广博知识上，知识的储量越大越广，理解音乐的能力和范围就会越大越广，才有更多的创新想法迸发。茶艺表演中音乐的创新主要是在选材上，如果编创者是要完成创新茶艺表演的编配，就请尽量做到与众不同。

第三节 茶会组织

一、茶会的种类

茶会的种类是按茶会的目的而划分的，通常可以分为节日茶会、纪念茶会、喜庆茶会、研讨茶会、品尝茶会、艺术茶会、联谊茶会、交流茶会等。

1. 节日茶会

节日茶会是以庆祝国家法定节日而举办的各种茶会，如国庆茶会、春节茶（迎春茶会）等；另一种是中国传统节日的茶会，如中秋茶会、重阳茶会。

2. 纪念茶会

纪念茶会是为纪念某项事件（如企业、学校成立周年日，从艺、从教50周年纪念日等）而举办的茶会。

3. 喜庆茶会

喜庆茶会是为某项事件的庆祝而举办的茶会，如结婚时的喜庆茶会、生日时的寿诞茶会、添丁的满月茶会等。

4. 研讨茶会

研讨茶会是为某项学术的研讨而举办的茶会，如弘扬国饮研讨茶会、茶与健康研讨茶会等。

5. 品尝茶会

品尝茶会是为某种或数种茶的品尝而举办的茶会，如新春品茗会，某某名茶品尝会等。也可以组织特定人群品茶会，如敬老茶会品茗会、青年茶会品茗会、谢师茶会品茗会等。

6. 艺术茶会

艺术茶会是为某项相关艺术的共赏而举办的茶会，如吟诗茶会、书法茶会、插花茶会等。

7. 联谊茶会

联谊茶会是为广交朋友或同窗聚会，同学、同乡联谊会等而举办的茶会。

8. 交流茶会

交流茶会是为切磋茶艺和推动茶文化发展等的经验交流而举办的茶会，如中日韩茶文化交流茶会、国际茶文化交流茶会、国际西湖茶会等。

二、无我茶会

1. 什么是无我茶会

无我茶会是一种群众性的茶会形式，是一种人人泡茶、人人敬茶、人人品茶的全体参与式茶会。由我国台湾陆羽茶艺中心蔡荣章先生建议和构思。在茶会中以茶传言，广为联谊，有益于同学和朋友之间的交往，培养团结默契的精神。可结合各种队会或主题开展活动，增进友谊，交流感情，活跃身心。

2. 无我茶会之精神

无尊卑之分、无好恶之分、无"求报偿"之心、时时保持精进之心、遵守公告约定、培养集体的默契。

3. 茶与茶具的准备

无我茶会的用茶不拘，故冲泡方法不一，必备的茶具亦各异。各人可根据自己的爱好和巧妙的构思而别出心裁去设计，既要科学泡茶，又要携带方便。

（1）通用必备品

单肩或双肩背包一只，以能够装入所有用具为最佳。

海绵坐垫一只。长约70cm，宽约50cm，能折成4叠。

保温瓶一只，容量为0.5L~0.8L，内以双层不锈钢胆为好，不易破损。

奉茶盘一只，大小要能放下4只茶杯，形状随意。

茶巾一块，以易吸水棉制品为佳。

茶盘（也可用水盂和一条茶巾代替），泡茶时承载茶具并收集废水。

餐巾纸一包。

奉给客人用的杯子4个。

茶匙，用于拨取茶叶。如果茶叶已放入壶中，也可不带。

（2）选茶

品种不限，可装进茶叶筒或直接放入壶中。

（3）茶具组合

小壶泡法：适用于各种茶类，色彩依茶类而定。每套为4人壶一把，容量为100mL~150mL，大小与壶相配的杯子4个，壶要用包壶巾包好，杯子要有杯套。可携带公道杯和滤网便于分茶。

小杯泡法：适用于名优绿茶。可选用无色透明玻璃杯、无盖白瓷、青花瓷杯，容量为 50mL 左右，共 4 只，杯子要有杯套，备一壶斟开水。

小盖碗（杯）泡法：适用于花茶及红茶。茶具色彩与茶性相配，茶量为 50mL 左右，共 4 只，盖碗（杯）要有杯套，备一壶斟开水。

4. 参加茶会的注意事项

（1）礼仪要求：最好能穿中式服装或民族服装，要整洁大方，便于跪坐，以短装长裙为宜；鞋要易脱易穿，不需要用手辅助。

（2）阅读茶会公告：无我茶会之前主办单位均要印发公告，指导茶会的进行。公告内容常列表一张，茶会的时间、地点、程序和注意事项等一目了然。

5. 无我茶会的基本方法

（1）会场地点的选择：根据茶会人数多少而定，多数选择露天举行。因日程预先决定，若天不作美，要有替代的地方，主办单位必须有充分的考虑和精心布置。

（2）抽签入场：在入会场口设置数个抽签点，与会者先抽签，以号码定座位，不得任意挑选，要将纸号码放在座位旁，以示正确无误。

（3）备具：首先将坐垫前沿中心点盖掉座位号码牌，在坐垫号码前铺放茶巾，上置冲泡器，泡茶巾前方是奉茶盘，内置 4 只茶杯，热水瓶放在泡茶巾左侧，背包放在坐垫右侧（图 11-2）。

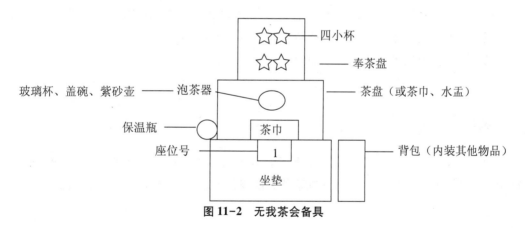

图 11-2　无我茶会备具

（4）奉茶方法及茶会程序

第一步：按约定时间开始泡茶。

第二步：第一泡，将泡好的茶分于 4 只茶杯中，将留给自己的一杯放在自己茶盘（泡茶巾）的最右边，然后端奉茶盘将茶奉给左侧的 3 位茶友（图 11-3）。

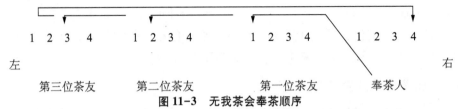

| 1 2 3 4 | 1 2 3 4 | 1 2 3 4 | 1 2 3 4 |

左　　　　　　　　　　　　　　　　　　　　　　　　　　　　右

第三位茶友　　　第二位茶友　　　　第一位茶友　　　　奉茶人

图11-3　无我茶会奉茶顺序

注意：奉茶时要先行礼再奉茶，再次行礼。如果对方也去奉茶了，只要将茶放好就可以了。待4杯茶奉齐，就可以自行品饮了。品完自己面前的4杯茶后即开始冲第二泡。

第三步：第二泡泡好茶后，用奉茶盘托起泡茶器和茶巾依次给左侧3位茶侣的茶盘（泡茶巾）上自己奉出的茶杯中斟茶，最后为自己斟茶。品茶后冲泡第三泡。

第四步：泡好茶后，取出4个一次性杯子放在奉茶盘上，将第三泡茶水分入4个杯子（将茶水倒干净），托起奉茶盘，将茶献给茶会的观众，同时可宣传茶文化的知识。待对方品过茶后将杯子收回。

第五步：节目欣赏，第三泡茶后回到自己的位置，保持良好的姿态，专心欣赏节目，节目结束后以掌声表示感谢。

第六步：收具，欣赏完音乐后检查自己面前的茶是否已经全部喝完，若没喝完将茶水倒入保温瓶中，不可倒在地上，使杯子和壶中均没有水，并用纸巾将面前的茶杯擦拭干净。端起奉茶盘从第三位茶友那里开始收拾自己的茶杯，注意先行礼再拿杯，再行礼，收完茶杯后在自己的位置上收拾好所有的物品，清理好自己座位的场地，注意要把地上的座位号也收起来，保持会后的场地清洁。

第七步：到指定地点集合，拍照留念。

本章小结

通过对本章的学习，使学习者了解茶艺表演的艺术特征，能够根据茶叶的品质特征编排、创作解说词内容，合理编排茶艺表演操作流程；能设计小型茶会组织。

知识链接

1. https：//www.iqiyi.com/w_19s2hrjql1.htmL（爱奇艺：茶艺表演作品——茶）.

2. https：//www.iqiyi.com/w_19ru5e1mrt.htmL（爱奇艺：大域茶馆表演视频）.

3. 童启庆. 习茶［M］. 杭州：浙江摄影出版社，2006.

附　录

附录一　中级茶艺师理论模拟试卷（一）

一、单项选择题

1. 职业道德是（　　）所应遵循的道德原则和规范的总和。
   A. 人们在家庭生活中　　　　　　　B. 人们在职业工作和劳动中
   C. 人们在与人交往中　　　　　　　D. 人们在消费领域中

2. 职业道德品质的含义应包括（　　）。
   A. 职业观念、职业技能和职业良心
   B. 职业道德良心、职业技能和职业自豪感
   C. 职业良心、职业观念和职业自豪感
   D. 职业观念、职业服务和受教育的程度

3. 茶艺师职业道德的基本准则，就是指（　　）。
   A. 遵守职业道德原则、热爱茶艺工作，不断提高服务质量
   B. 精通业务，不断提高技能水平
   C. 努力砖研业务，追求经济效益第一
   D. 提高自身修养，实现自我提高

4. 开展道德评价具体体现在茶艺人员间（　　）。
   A. 相互批评和监督　　　　　　　　B. 批评与自我批评
   C. 监督和揭发　　　　　　　　　　D. 学习和攀比

5. 下列选项中不属于尽心尽职具体体现的是（　　）。
   A. 尽力使品茶客人感到满意　　　　B. 尽力发挥主观能动性
   C. 尽力宣传表现自己　　　　　　　D. 尽力完成自己的工作任务

6. 钻研业务、精益求精具体体现在茶艺不但要主动、热情、耐心周到的接待品茶客，而且必须（　　）。
   A. 熟练掌握不同茶品的沏泡方法　　B. 专门掌握本地茶品的沏泡方法
   C. 专门掌握茶艺表演方法　　　　　D. 掌握保健茶或药用茶的沏泡方法

7. 最早记载茶味药用的书籍是（ ）。

A. 《神农本草经》　　　B. 《大观茶论》　　　C. 《茶经》　　　D. 《茶录》

8. 擂茶在宋代为（ ）之称。

A. 茗粥　　　　　　　B. 米粥　　　　　　　C. 豆粥　　　　　D. 菜粥

9. 宋代豆子茶的主要成分是（ ）。

A. 黄豆、芝麻、姜、盐、茶　　　　　　　　B. 玉米、小麦、葱、醋、茶

C. 大米、高粱、橘、蒜、茶　　　　　　　　D. 小米、薄荷、葱、酒、茶

10. 世界上第一部茶书的书名是（ ）。

A. 《品茶要录》　　　B. 《茶具图赞》　　　C. 《榷茶》　　　D. 《茶经》

11. 世界上第一部（ ）的作者是陆羽。

A. 茶书　　　　　　　B. 经书　　　　　　　C. 史书　　　　　D. 道书

12. 唐代饼茶的制作需经过的工序是（ ）。

A. 炙、碾、罗　　　B. 煮、煎、滤　　　C. 晒、煮、擂　　D. 蒸、煮、泡

13. 宋代（ ）的产地是当时的福建建安。

A. 龙团茶　　　　　　B. 栗粒茶　　　　　　C. 北苑贡茶　　　D. 蜡面茶

14. 点茶法是（ ）的主要饮茶方法。

A. 唐代　　　　　　　B. 宋代　　　　　　　C. 明代　　　　　D. 清代

15. 清代出现（ ）品饮艺术。

A. 乌龙功夫茶　　　B. 白族三道茶　　　C. 宁红太子茶　　D. 云南普洱茶

16. 广义茶文化的含义是（ ）。

A. 茶叶的物质与精神财富的总和　　　　　　B. 茶叶的物质及经济价值关系

C. 茶叶艺术　　　　　　　　　　　　　　　D. 茶叶经销

17. 泡茶和饮茶是（ ）的主要内容。

A. 茶道　　　　　　　B. 茶礼　　　　　　　C. 茶学　　　　　D. 茶艺

18. 茶艺的三种形态是（ ）。

A. 营业、表演、议会　　　　　　　　　　　B. 品茗、营业、表演

C. 营业、学艺、聚会　　　　　　　　　　　D. 品茗、调解、息事

19. 茶树性喜温暖、（ ），对纬度的要求为南纬45°北纬38°间都可以种植。

A. 干燥　　　　　　　B. 潮湿　　　　　　　C. 水湿　　　　　D. 湿润

20. 茶树性喜温暖、（ ），通常气温在18℃～25℃之间最适宜生长。

A. 干燥的环境　　　B. 湿润的环境　　　C. 避光的环境　　D. 阴冷的环境

21. 绿茶的发酵度：0，故属于不发酵茶类。其茶叶颜色翠绿，茶汤（ ）。

A. 橙黄　　　　　　　B. 橙红　　　　　　　C. 黄绿　　　　　D. 绿黄

22. 乌龙茶属于青茶类，为半发酵茶，其茶叶呈深绿或青褐色，茶汤呈密绿或
（ ）色。

A. 绿   B. 浅绿   C. 黄绿   D. 密黄

23. 基本茶类分为不发酵的绿茶类及（ ）的黄茶类等六大茶类。

A. 大部分发酵   B. 重发酵   C. 部分发酵   D. 轻微发酵

24. 防止茶叶陈化变质，应避免存放时间太长，水分含量过高，避免（ ）阳光直射。

A. 高温干燥   B. 低温干燥   C. 高温高湿   D. 低温低湿

25. 引发茶叶变质的主要因素有（ ）等。

A. 磁线   B. 射线   C. 红外线   D. 光线

26. 茶叶保存应注意水分控制，当其水分含量超过5%时，就会（ ）。

A. 增进品质   B. 提高香气   C. 加速变质   D. 促进物质转化

27. 茶叶保存应注意光线照射，因为光线可（ ），对茶叶贮存极为不利。

A. 增进滋味醇和   B. 加速各种化学反应

C. 促进物质转化   D. 抑制物质转化

28. 茶叶的保存应注意氧气的控制，维生素C的氧化及（ ）、茶红素的氧化聚合都和氧气有关。

A. 茶褐素   B. 茶黄素   C. 维生素   D. 茶色素

29. 宋代哥窑的产地在（ ）。

A. 河南钧洲   B. 河南临汝   C. 浙江龙泉   D. 河北曲阳

30. 元代茶具的代表是（ ）茶具，在白瓷上缀以青色文饰，既典雅又丰富。

A. 青花瓷   B. 紫砂陶   C. 金属   D. 竹水

31. 景瓷宜陶是（ ）茶具的代表。

A. 宋代   B. 元代   C. 明代   D. 现代

32. （ ）瓷器素有"薄如纸，白如玉，明如镜，声如馨"的美誉。

A. 福建德化   B. 湖南长沙   C. 浙江龙泉   D. 江西景德镇

33. 玻璃茶具的特点是（ ），光泽夺目，但易碎，易烫手。

A. 导热性弱   B. 容易收藏   C. 保温性强   D. 质地透明

34. 密封、防潮、防氧化、防光、防异味是（ ）的优点。

A. 陶土茶具   B. 漆器茶具   C. 玻璃茶具   D. 金属茶具

35. 现代最著名的紫砂大师，被称为"壶艺泰斗"的是（ ）。

A. 陈鸣远   B. 顾景洲   C. 蒋蓉   D. 时大彬

36. （ ）是用于中和茶汤，使之浓淡均匀。

A. 茶托   B. 茶杯   C. 茶海   D. 茶荷

37. 下列水中（ ）是属十软水。

A. Cu^{2+}、Al^{3+}的含量小于8mg/L   B. Fe^{2+}、Fe^{3+}的含量小于8mg/L

C. Zn^{2+}、Mn^{3+}的含量小于8mg/L   D. Ca^{2+}、Mg^{3+}的含量小于8mg/L

38. 古人对泡茶水温十分讲究，认为"水嫩"，茶汤品质（　　）。

A. 茶浮水面，香气低淡　　　　　　　　B. 茶浮水面，香味清高

C. 茶叶下沉，香味低淡　　　　　　　　D. 茶叶下沉，香味馥郁

39. 用经过氯化处理的自来水泡茶，茶汤品质（　　）。

A. 香气变淡　　　　B. 汤色变淡　　　　C. 汤味变苦　　　　D. 汤色变浑

40. pH 是代表溶液（　　）。

A. 硬度　　　　　　B. 浓度　　　　　　C. 酸碱度　　　　　D. 溶解度

41. 泡茶用水要求 pH（　　）。

A. <2　　　　　　　B. <4　　　　　　　C. <5　　　　　　　D. >6

42. 城市茶艺馆泡茶用水可以选择（　　）。

A. 雨水　　　　　　B. 雪水　　　　　　C. 井水　　　　　　D. 纯净水

43. 要泡好一杯茶，需要掌握的要点有：选茶、（　　）、备器、雅室、冲泡、品尝。

A. 观色　　　　　　B. 择水　　　　　　C. 闻香　　　　　　D. 尝茶

44. 判断好茶的客观标准主要从茶叶外形的匀整、（　　）、香气、净度来看。

A. 色泽　　　　　　B. 滋味　　　　　　C. 汤色　　　　　　D. 叶底

45. 陆羽《茶经》指出：其水，用山水上，（　　）中，井水下，其山水，拣乳泉石池漫流者上。

A. 河水　　　　　　B. 溪水　　　　　　C. 泉水　　　　　　D. 江水

46. 茶艺演示冲泡过程中的基本程序是：备器、煮水、备茶、温壶（杯）、置茶、（　　）、奉茶、收具。

A. 高冲水　　　　　B. 分茶　　　　　　C. 冲泡　　　　　　D. 淋壶

47. 在冲泡茶的基本程序中，"煮水的环节"讲究根据（　　）所需水温不同。

A. 茶具质地的不同　　B. 茶叶外形不同　　C. 茶叶品种不同　　D. 水质不同

48. 在夏季冲泡茶的基本程序中，温壶（杯）的操作时（　　）。

A. 不需要的，用冷水清洗茶壶（杯）即可　　　　B. 仅为了清洗茶具

C. 提高壶（杯）的温度，同时使茶具得到再次清洗　　D. 只有消毒杀菌的作用

49. 冲泡茶的过程中，在以下（　　）动作是不规范的，不能体现茶艺师对宾客的敬意。

A. 用杯托双手将茶奉到宾客面前　　　　　B. 用托盘双手将茶奉到宾客面前

C. 双手平稳奉茶　　　　　　　　　　　　D. 奉茶时将茶汤溢出

50. 人在日常生活中，从（　　）的上升时，是从生理上需要到精神上满足的上升。

A. 喝茶到品茶　　　　　　　　　　　B. 以茶代酒

C. 将茶列为开门七件事之一　　　　　D. 喝茶道喝调味茶

51. 在茶叶不同类型的滋味中，（　　）型的代表茶是六堡茶、功夫红茶等。

A. 醇和　　　　　　B. 浓厚　　　　　　C. 鲜醇　　　　　　D. 平和

52. 在冲泡黄茶和白茶时，通常在冲泡（　　）后才开始品茶。

A. 30s～40s　　　　B. 40s～50s　　　　C. 50s～57s　　　　D. 90s～100s

53. 茶叶中的咖啡碱不具有（　　）作用。

A. 兴奋　　　　　　B. 利尿　　　　　　C. 调节体温　　　　D. 抗衰老

54. 茶叶中的（　　）具有降血脂、降血糖、降血压的药理作用。

A. 氨基酸　　　　　B. 茶多酚　　　　　C. 叶绿素　　　　　D. 氟化物

55. 不同季节的茶叶中维生素的含量最高的是（　　）。

A. 春茶　　　　　　B. 暑茶　　　　　　C. 秋茶　　　　　　D. 冬片

56. 科学饮茶的基本要求中，正确选择茶叶包括根据（　　）等方面进行选择。

A. 季节、气候和包装　　　　　　　　B. 季节、气候和体质

C. 季节、气候和价格　　　　　　　　D. 季节、气候和器具

57. （　　）对"茶醉"无缓解作用。

A. 饮酒　　　　　　B. 喝糖水　　　　　C. 吃点心　　　　　D. 吃水果

58. （　　）患者饮浓茶，造成晚上失眠，是因为茶叶中的咖啡碱刺激中枢神经，使精神处于兴奋的状态。

A. 胃病　　　　　　B. 精神衰弱　　　　C. 糖尿病　　　　　D. 冠心病

59. 按照标准的管理权限，下列（　　）标准属于国家标准。

A.《婺炒青绿茶》　　　　　　　　　　B.《舒炒青绿茶》

C.《紧压茶　沱茶》　　　　　　　　　D《茶叶品质规格》

60. （　　）是茶叶对外贸易中成交计价和货物交接验收的实物依据。

A. 产品标准样　　　　　　　　　　　B. 毛茶标准样

C. 贸易标准样　　　　　　　　　　　D. 加工验收统一标准样

61. 经营单位取得（　　）后，向工商行政管理部门申请登记，办理营业执照。

A. 卫生许可证　　　B. 商标注册　　　　C. 税务登记　　　　D. 经营许可

62. 茶艺师与宾客交谈过程中，双方意见不相同的情况下，（　　）表达自己的不同看法。

A. 可以婉转　　　　B. 可以坦率　　　　C. 不可以　　　　　D. 可以公开

63. 茶艺师可以用关切的询问、征求的态度、提议的问话和（　　）来加深与宾客的交流和理解，有效地提高茶艺馆的服务质量。

A. 直接的回答　　　B. 郑重的回答　　　C. 简捷的回答　　　D. 有针对性的回答

64. 茶艺师与宾客道别时，可通过巧妙利用一些特别的情景，加上特别的问候，让人备感温馨，使人留下深刻而美好的印象，例如，宾客购买了一些美容茶，就可以说（　　）。

A. 祝您节日快乐　　　　　　　　　　B. 祝您旅途平安

C. 祝您全家健康　　　　　　　　　　D. 祝您生活美好

65. 下列选项不符合茶艺师坐姿要求的是（　　）。

　　A. 挺胸立腰显精神　　　　　　　　　B. 两腿交叉叠放显优雅

　　C. 端庄娴雅身体随服务要求而动显自然　D. 坐正坐直显端庄

66. 在服务接待过程中，不能使用（　　）目光，因它给人以目中无人、骄傲自大的感觉。

　　A. 向上　　　　　　B. 正视　　　　　　C. 俯视　　　　　　D. 扫视

67. 下列选项中，（　　）不属于礼仪最基本要素。

　　A. 语言　　　　　　B. 行为表情　　　　C. 服饰　　　　　　D. 道德

68. 接待（　　）宾客，敬茶时应用右手提供服务。

　　A. 韩国　　　　　　B. 美国　　　　　　C. 法国　　　　　　D. 印度

69. 英国人喜欢甜味牛奶红茶或柠檬红茶，茶艺师在提供服务时应根据茶艺服务规程适当添加（　　）。

　　A. 蜜蜂　　　　　　B. 白糖　　　　　　C. 果汁　　　　　　D. 甜酒

70. 根据俄罗斯人对茶饮爱好的特点，茶艺师在服务中可向他们推荐一些（　　）茶点。

　　A. 炒花生　　　　　B. 炒黄豆　　　　　C. 冬瓜糖　　　　　D. 香菇丝

71. 摩洛哥人酷爱饮茶，（　　）是摩洛哥人社交活动中必备的饮料。

　　A. 甜味绿茶　　　　B. 甜味红茶　　　　C. 甜味奶茶　　　　D. 甜柠檬茶

72. （　　）多数人爱饮加糖和奶的红茶，也酷爱冰茶。

　　A. 韩国人　　　　　B. 埃及人　　　　　C. 美国人　　　　　D. 德国人

73. 土耳其人喜欢喝（　　），饮茶是土耳其一道颇具特色的生活景观。

　　A. 加香红茶　　　　B. 草莓红茶　　　　C. 苹果红茶　　　　D. 加糖红茶

74. 巴基斯坦人饮茶普遍爱好（　　），而西北部流行饮（　　）。

　　A. 牛奶绿茶、柠檬红茶　　　　　　　　B. 冰茶、薄荷绿茶

　　C. 甜味绿茶、牛奶红茶　　　　　　　　D. 牛奶红茶、甜味绿茶

75. （　　）饮茶，大多推崇纯茶清饮。茶艺师可根据宾客所点的茶品，采用不同方法沏茶。

　　A. 汉族　　　　　　B. 苗族　　　　　　C. 白族　　　　　　D. 侗族

76. 接待蒙古族宾客，敬茶时当客人将手平伸，在杯口盖一下，这表明（　　）。

　　A. 茶汤好喝　　　　B. 不再喝了　　　　C. 想继续喝　　　　D. 稍停再喝

77. 为（　　）宾客服务时，尽量当宾客的面前冲洗杯子，端茶时要用双手。

　　A. 傣族　　　　　　B. 维吾尔族　　　　C. 鄂伦春族　　　　D. 撒拉族

78. 在为 VIP 宾客提供服务时，应提前（　　）将茶品、茶食、茶具摆好，确保茶食的新鲜、洁净、卫生。

　　A. 3min　　　　　　B. 5min　　　　　　C. 10min　　　　　　D. 20min

79. 接待年老体弱宾客时，不妥的做法是（　　）。

A. 尽可能将其安排在离出、入口较近位置

B. 帮助他们就座

C. 更加周到细致地服务

D. 将其安排在远离出入口位置，避免人来人往影响

80. 舒城小兰花干茶色泽属于（　　）。

A. 金黄型　　　　　B. 橙黄型　　　　　C. 黄绿型　　　　　D. 银白型

二、判断题

81. （　　）宾客再次光临时又带来几位新宾客，应对他们像老朋友一样热情招呼接待。

82. （　　）茶艺师与宾客对话时，应坐着并始终控制感情。

83. （　　）在为宾客引路指示方向时，应用手明确指向方向，面带微笑，眼睛看着目标，并兼顾宾客是否意会到目标。

84. （　　）接待印度、尼泊尔宾客时，茶艺师应用握手礼迎接宾客。

85. （　　）藏族喝茶有一定礼节，边喝边添，三杯后当宾客将添满的茶汤一饮而尽，这才符合藏族的习惯和礼貌。

86. （　　）接待傣族宾客，茶艺师斟茶时应把茶斟满杯，以示宾客的尊重。

87. （　　）为壮族宾客服务时，奉茶时要用单手。

88. （　　）茶艺师在与信奉佛教宾客交谈时，不能问僧尼法号。

89. （　　）茶艺师在接待佛教宾客时，应主动与僧尼握手。

90. （　　）在为 VIP 宾客服务时，茶艺师应根据 VIP 宾客的等级和茶艺馆的规定配备茶品。

91. （　　）在为 VIP 宾客提供服务时，应安排在适当位置，遮掩其缺陷。

92. （　　）黄茶按鲜叶老嫩不同，分为蒙顶茶、大黄茶、太平猴魁三大类。

93. （　　）黑茶加工法和形状不同分为条型和片型两大类。

94. （　　）"流云拂月"是指将茶汤均匀地斟入茶杯。

95. （　　）安溪乌龙茶茶艺泡茶时使用的主茶具是白瓷盖瓯。

96. （　　）闽、粤、台流行的"姜茶饮方"是用生姜、葱和茶调配用水煎熬的调饮茶。

97. （　　）四川峨眉玉液泉"神水"无色透明，无悬浮物，其味颇似汽水。用以和面、烙饼、蒸馒头，有既不用发酵，也不必用碱中和的奇特功效。

98. （　　）品饮凤凰单枞乌龙茶时，茶水比例以 1∶50 为宜。

99. （　　）新茶与陈茶的区别主要看色泽即可。

100. （　　）把茶叶放在食指和拇指之间能捻成粉末的茶叶含水量都在 6% 以上，保鲜性能好。

中级茶艺师理论模拟试卷（一）参考答案

一、单项选择题

1. B	2. C	3. A	4. B	5. C	6. A	7. A	8. A
9. A	10. D	11. A	12. A	13. C	14. B	15. A	16. A
17. D	18. B	19. D	20. B	21. D	22. D	23. C	24. C
25. D	26. C	27. B	28. B	29. C	30. A	31. C	32. D
33. D	34. D	35. B	36. C	37. D	38. A	39. A	40. C
41. C	42. D	43. B	44. A	45. D	46. C	47. C	48. C
49. D	50. A	51. A	52. C	53. D	54. B	55. A	56. B
57. A	58. B	59. C	60. C	61. A	62. A	63. D	64. D
65. B	66. A	67. D	68. D	69. B	70. C	71. A	72. C
73. D	74. D	75. A	76. B	77. B	78. D	79. A	80. C

二、判断题

81. √	82. ×	83. ×	84. ×	85. √	86. ×	87. ×	88. ×
89. ×	90. √	91. ×	92. ×	93. ×	94. ×	95. √	96. ×
97. ×	98. ×	99. ×	100. ×				

附录二 中级茶艺师理论模拟试卷（二）

一、单项选择题

1. 职业道德是人们在职业工作和劳动中应遵循的与（ ）紧密相联系的道德原则和规范总和。

A. 法律法规 　　 B. 文化修养 　　 C. 职业活动 　　 D. 政策规定

2. 职业道德品质的含义应包括（ ）。

A. 职业观念、职业技能和职业良心

B. 职业良心、职业技能和职业自豪感

C. 职业良心、职业观念和职业自豪感

D. 职业观念、职业服务和受教育的程度

3. 开展道德评价时，（ ）对提高道德品质修养最重要。

A. 批评检查他人 　　 B. 相互批评 　　 C. 相互攀比 　　 D. 自我批评

4. 下列选项中，（ ）不属于培养职业道德修养的主要途径。

A. 努力提高自身技能 　　　　　　 B. 理论联系实际

C. 努力做到"慎独" 　　　　　　 D. 检点自己的言行

5. 茶艺服务中与品茶客人交流时要（ ）。

A. 态度温和、说话缓慢 　　　　　 B. 严肃认真、有问必答

C. 快速问答、简单明了 　　　　　 D. 语气平和、热情友好

6. 下列选项中不属于尽心尽职具体体现的是（ ）。

A. 尽力使品茶客人感到满意 　　　 B. 尽力发挥主观能动性

C. 尽力宣传表现自己 　　　　　　 D. 尽力完成自己的工作任务

7. 钻研业务、精益求精具体体现在茶艺师不但要主动、热情、耐心、周到地接待品茶客人，而且必须（ ）。

A. 熟练掌握不同茶品的沏泡方法 　 B. 专门掌握本地茶品的沏泡方法

C. 专门掌握茶艺表演方法 　　　　 D. 掌握保健茶或药用茶的沏泡方法

8. 《神农本草》是最早记载茶为（ ）的书籍。

A. 食用 　　 B. 礼品 　　 C. 药用 　　 D. 聘礼

9. （ ）在宋代的名称叫茗粥。

A. 散茶 　　 B. 团茶 　　 C. 末茶 　　 D. 擂茶

10. 世界上第一部（　　）的作者是陆羽。

A. 茶书　　　　　　B. 经书　　　　　　C. 史书　　　　　　D. 道书

11. 社会鼎盛是唐代（　　）的主要原因。

A. 饮茶盛行　　　　B. 斗茶盛行　　　　C. 习武盛行　　　　D. 对弈盛行

12. 煎制饼茶前须经炙、碾、罗工序，指的是唐代的（　　）。

A. 点茶的技艺　　　B. 煎茶的技艺　　　C. 煮茶的技艺　　　D. 炙茶的技艺

13. （　　）茶叶的种类有粗、散、末、饼茶。

A. 汉代　　　　　　B. 元代　　　　　　C. 宋代　　　　　　D. 唐代

14. 清代出现（　　）品饮艺术。

A. 乌龙功夫茶　　　B. 白族三道茶　　　C. 宁红太子茶　　　D. 云南普洱茶

15. 茶叶的物质与精神财富的总和称为（　　）。

A. 广义茶文化　　　B. 狭义茶文化　　　C. 宫廷茶文化　　　D. 文士茶文化

16. 狭义茶文化的含义是（　　）。

A. 茶的艺术价值　　　　　　　　　B. 茶的物质财富

C. 茶的精神财富　　　　　　　　　D. 茶的文化价值

17. 茶道精神是（　　）的核心。

A. 茶生产　　　　　B. 茶交易　　　　　C. 茶文化　　　　　D. 茶艺术

18. 品茗、营业、表演是（　　）的三种形态。

A. 游艺　　　　　　B. 文艺　　　　　　C. 画艺　　　　　　D. 茶艺

19. 茶艺是（　　）的基础。

A. 茶文　　　　　　B. 茶情　　　　　　C. 茶道　　　　　　D. 茶俗

20. 茶树扦插繁殖后代的意义是能充分保持母株的（　　）。

A. 早生早采的特性　　　　　　　　B. 晚生迟采的特性

C. 高产和优质的特性　　　　　　　D. 性状和特性

21. 茶树性喜温暖、（　　），通常气温在18℃～25℃之间最适宜生长。

A. 干燥的环境　　　B. 湿润的环境　　　C. 避光的环境　　　D. 阴冷的环境

22. 茶树适宜在土质疏松，排水良好的（　　）土壤中生长，以酸碱度 pH 为 4.5～5.5 最佳。

A. 中性　　　　　　B. 酸性　　　　　　C. 偏酸性　　　　　D. 微酸性

23. 绿茶的发酵度：0，故属于不发酵茶类。其茶叶颜色翠绿，茶汤（　　）。

A. 橙黄　　　　　　B. 橙红　　　　　　C. 黄绿　　　　　　D. 绿黄

24. 基本茶类分为不发酵的绿茶类及（　　）的黑茶类等，共六大茶类。

A. 重发酵　　　　　B. 后发酵　　　　　C. 轻发酵　　　　　D. 全发酵

25. 红茶、绿茶、乌龙茶的香气主要特点是红茶（　　），绿茶板栗香，乌龙茶花香。

A. 甜香　　　　　　　B. 熟香　　　　　　　C. 清香　　　　　　　D. 花香

26. 审评红、绿、黄、白茶的审评杯碗规格，碗容量（　　）。

A. 160mL　　　　　　B. 180mL　　　　　　C. 190mL　　　　　　D. 200mL

27. 红茶的呈味物质，茶褐素是使（　　），它的含量增多对品质不利。

A. 茶汤发红，叶底暗褐　　　　　　　　B. 茶汤红亮，叶底暗褐

C. 茶汤发暗，叶底暗褐　　　　　　　　D. 茶汤发红，叶底红亮

28. 审评茶叶应包括（　　）两个项目。

A. 香气与内质　　　B. 外形与香气　　　C. 色泽与内质　　　D. 外形与内质

29. 乌龙茶审评的杯碗规格，碗高（　　），容量110mL。

A. 60mm　　　　　　B. 55 mm　　　　　　C. 45 mm　　　　　　D. 50 mm

30. 茶叶的保存应注意氧气的控制，维生素C的氧化及茶黄素，（　　）的氧化聚合都和氧气有关。

A. 茶褐素　　　　　　B. 茶色素　　　　　　C. 叶黄素　　　　　　D. 茶红素

31. 原始社会茶具的特点是（　　）。

A. 金属茶具　　　　　B. 一器多用　　　　　C. 木制茶具　　　　　D. 石制茶具

32. 青花瓷是在（　　）上缀以青色文饰、清丽恬静，既典雅又丰富。

A. 玻璃　　　　　　　B. 黑釉瓷　　　　　　C. 白瓷　　　　　　　D. 青瓷

33. 景瓷宜陶是（　　）茶具的代表。

A. 宋代　　　　　　　B. 元代　　　　　　　C. 明代　　　　　　　D. 现代

34. 不锈钢茶具外表光洁明亮，造型规整有现代感，具有（　　）的特点。

A. 传热慢　　　　　　　　　　　　　　　B. 透气

C. 传热快，不透气　　　　　　　　　　　D. 传热快，透气

35. 80℃水温比较适宜冲泡（　　）茶叶。

A. 白茶　　　　　　　B. 花茶　　　　　　　C. 沱茶　　　　　　　D. 绿茶

36. 90℃左右水温比较适宜冲泡（　　）茶叶。

A. 红茶　　　　　　　B. 龙井茶　　　　　　C. 乌龙茶　　　　　　D. 普洱茶

37. 下列（　　）是中国"五大名泉"之一。

A. 庐山玉帘泉　　　B. 济南趵突泉　　　C. 杭州六一泉　　　D. 苏州白云泉

38. 井水属于地下水，当井水受到盐碱地表水污染时，用于泡茶茶汤品质（　　）。

A. 汤色加深，汤味变淡　　　　　　B. 汤色加深，汤味变涩

C. 汤色变淡，汤味带咸　　　　　　D. 汤色黑褐，汤味苦涩

39. 通常泡茶用水的总硬度不超过（　　）。

A. 250 G　　　　　　B. 300 G　　　　　　C. 350 G　　　　　　D. 450 G

40. 泡茶用水要求水的浑浊度不得超过（　　），不含肉眼可见悬浮微粒。

A. 50　　　　　　　　B. 150　　　　　　　C. 200　　　　　　　D. 250

41. 城市茶艺馆泡茶用水可选择（　　）。

A. 纯净水　　　　　B. 鱼塘水　　　　　C. 消防水　　　　　D. 自来水

42. 要泡好一壶茶，需要掌握茶艺的（　　）要素。

A. 7　　　　　　　B. 6　　　　　　　C. 5　　　　　　　D. 3

43. 判断好茶的客观标准主要从茶叶外形的匀整、色泽、（　　）、净度来看。

A. 韵味　　　　　　B. 叶底　　　　　　C. 品种　　　　　　D. 香气

44. 陆羽《茶经》指出：其水，用山水上，（　　）中，井水下，其山水，拣乳泉石池漫流者上。

A. 河水　　　　　　B. 溪水　　　　　　C. 泉水　　　　　　D. 江水

45. 在夏季冲泡茶的基本程序中，温壶（杯）的操作是（　　）。

A. 不需要的，用冷水清洗茶壶（杯）即可

B. 仅为了清洗茶具

C. 提高壶（杯）的温度，同时使茶具得到再次清洗

D. 只有消毒杀菌的作用

46. 在各种茶叶的冲泡程序中，（　　）是冲泡技巧中的三个基本要素。

A. 茶具、茶叶品种、温壶　　　　　　B. 置茶、温壶、冲泡

C. 茶叶用量、壶温、浸泡时间　　　　D. 茶叶用量、水温、浸泡时间

47. 由于舌头各部位的味蕾对不同滋味的感受不一样，在品茶汤滋味时，应（　　），才能充分感受茶中的甜、酸、鲜、苦、涩味。

A. 含在口中不要急于吞下

B. 将茶汤在口中停留、与舌的各部位打转后

C. 立即咽下

D. 小口慢吞

48. 在茶叶不同类型的滋味中，（　　）型的代表茶是六堡茶、工夫红茶等。

A. 醇和　　　　　　B. 浓厚　　　　　　C. 鲜醇　　　　　　D. 平和

49. 由于冲泡乌龙茶的温度要求较高，因此在紫砂茶艺冲泡过程中增加温壶（杯）和（　　）程序，以避免冲泡中温度降低。

A. 高冲水让茶叶在壶中翻滚　　　　　B. 用过滤网将茶汤滤出

C. 将茶汤注入闻香杯中　　　　　　　D. 冲泡后用开水冲淋壶盖

50. 茶点大致可以分为干果类、鲜果类、糖果类、西点类、（　　）类五大类。

A. 糕点类　　　　　B. 传统小吃类　　　C. 中式点心类　　　D. 咸点心类

51. 冲泡茶叶和品饮茶汤是茶艺形式的重要表现部分，称为"行茶程序"，共分为三个阶段：（　　）。

A. 备器阶段、冲泡阶段、奉茶阶段　　　B. 准备阶段、操作阶段、完成阶段

C. 迎宾阶段、茶艺演示阶段、送客阶段　　D. 备茶阶段、泡茶阶段、奉茶阶段

52. 茶叶中含有（　　）多种化学成分。

A. 100　　　　　　B. 300　　　　　　C. 600　　　　　　D. 1000

53. 茶叶中的（　　）具有降血脂、降血糖、降血压的药理作用。

A. 氨基酸　　　　　B. 咖啡碱　　　　　C. 茶多酚　　　　　D. 维生素

54. 茶叶中的维生素（　　）是著名的抗氧化剂，具有防衰老的作用。

A. 维生素 A　　　　B. 维生素 B　　　　C. 维生素 H　　　　D. 维生素 E

55. 茶叶中的多酚类物质主要是由（　　）、黄酮类化合物、花青素和酚酸组成。

A. 叶绿素　　　　　B. 茶黄素　　　　　C. 茶红素　　　　　D. 儿茶素

56. 科学饮茶的基本要求中，正确选择茶叶包括根据（　　）等方面进行选择。

A. 季节、气候和包装　　　　　　　　B. 季节、气候和体质

C. 季节、气候和价格　　　　　　　　D. 季节、气候和器具

57. 过量饮浓茶，会引起头痛、恶心、（　　）、烦躁等不良症状。

A. 龋齿　　　　　　B. 失眠　　　　　　C. 糖尿病　　　　　D. 冠心病

58. 贸易标准样是茶叶对外贸易中（　　）和货物交接验收的实物依据。

A. 成交计价　　　　B. 毛茶收购　　　　C. 对样加工　　　　D. 茶叶销售

59. 消费者与经营者发生权益纠纷时可以与经营者协商和解、可以请求消费者协会调解、可以向有关行政部门申诉、（　　）、可向人民法院提起诉讼。

A. 与消费者多方解释、采用赠送、打折等方式解决

B. 消费者索取赔偿

C. 可以提请仲裁机构仲裁

D. 经营方为避免争执，做出退让并给予免单

60. 经营单位取得（　　）后，向工商行政管理部门申请登记，办理营业执照。

A. 卫生许可证　　　B. 商标注册　　　　C. 税务登记　　　　D. 经营许可

61. 宾客进入茶艺室，茶艺师要笑脸相迎，并致亲切问候，通过（　　）和可亲的面容使宾客进门就感到心情舒畅。

A. 轻松的音乐　　　B. 美好的语言　　　C. 热情的握手　　　D. 严肃的礼节

62. 下列选项中，（　　）不符合热情周到服务的要求。

A. 宾客低声交谈时，应主动回避

B. 仔细倾听宾客的要求，必要时向宾客复述一遍

C. 宾客之间谈话时，不要侧耳细听

D. 宾客有事招呼时，要赶紧跑步上前询问

63. 茶艺师与宾客交谈时，应（　　）。

A. 保持与对方交流，随时插话　　　　B. 尽可能多地与宾客聊天交谈

C. 在听顾客说话时，随时做出一些反应　　　D. 对宾客礼貌，避免目光正视对方

64. 茶艺师与宾客交谈过程中，在双方意见各不相同的情况下，（　　）表达自己的

不同看法。

    A. 可以婉转   B. 可以坦率   C. 不可以   D. 可以公开

65. 茶艺师可以用关切的询问、征求的态度、提议的问话和（ ）来加深与宾客的交流和理解，有效地提高茶艺馆的服务质量。

    A. 直接的回答   B. 郑重的回答

    C. 简捷的回答   D. 有针对性的回答

66. 茶艺师与宾客道别时，可通过巧妙利用一些特别的情景，加上特别的问候，让人备感温馨，使人留下深刻而美好的印象。如果尚购买了一些名茶准备节日消费，可说（ ）。

    A. 祝您节日快乐   B. 祝您旅途平安

    C. 祝您健康幸福   D. 祝您生活美好

67. 下列选项不符合茶艺师坐姿要求的是（ ）。

    A. 挺胸立腰显精神   B. 两腿交叉叠放显优雅

    C. 端庄娴雅身体随服务要求而动显自然   D. 坐正坐直显端庄

68. 在为宾客引路指示方向时，下列举止不妥当的是（ ）。

    A. 眼睛看着目标方向，并兼顾宾客   B. 指向目标方向

    C. 面带微笑，语气温和   D. 手指明确指向目标方向

69. 下列选项中，（ ）不属于礼仪最基本要素。

    A. 语言   B. 行为表情   C. 服饰   D. 道德

70. 接待印度、尼泊尔宾客时，茶艺师应施（ ）礼。

    A. 拱手礼   B. 拥抱礼   C. 合十礼   D. 扣胸礼

71. 英国人喜欢（ ），茶艺师应根据茶艺服务规程和宾客特点提供服务，以满足宾客需求。

    A. 甜味牛奶红茶   B. 甜味薄荷绿茶

    C. 甜味冰红茶   D. 果味柠檬红茶

72. 根据俄罗斯人对茶饮爱好的特点，茶艺师在服务中可向他们推荐一些（ ）茶点。

    A. 花生酪   B. 牛肉干   C. 咸橄榄   D. 萝卜干

73. 巴基斯坦人饮茶普遍爱好（ ），而西北部流行饮（ ）。

    A. 牛奶绿茶、柠檬红茶   B. 冰茶、薄荷绿茶

    C. 甜味绿茶、牛奶红茶   D. 牛奶红茶、甜绿茶

74. 巴基斯坦人大多习惯饮红茶，西北地区流行饮（ ），多数配以糖和豆蔻。

    A. 绿茶   B. 白茶   C. 黄茶   D. 黑茶

75. （ ）饮茶，大多推崇纯茶清饮，茶艺师可根据宾客所点的茶品，采用不同方法沏茶。

A. 汉族　　　　　B. 苗族　　　　　C. 白族　　　　　D. 侗族

76. 藏族喝茶有一定礼节，三杯后当宾客将添满的茶汤一饮而尽时，茶艺师就（　　）。

A. 继续添茶　　　B. 不再添茶　　　C. 可以离开　　　D. 准备送客

77. 接待蒙古族宾客，敬茶时当客人将手平伸，在杯口盖一下，这表明（　　）。

A. 茶汤好喝　　　B. 不再喝了　　　C. 想继续喝　　　D. 稍停再喝

78. （　　）为表示对客人的敬重，对尊贵宾客要斟茶三道，俗称"三道茶"。

A. 壮族　　　　　B. 维吾尔族　　　C. 傣族　　　　　D. 回族

79. 为（　　）宾客服务时，尽量当宾客的面冲洗杯子，端茶时要用双手。

A. 傣族　　　　　B. 维吾尔族　　　C. 鄂伦春族　　　D. 撒拉族

80. 为（　　）宾客服务时，要注意斟茶不能过满，奉茶时要用双手。

A. 壮族　　　　　B. 苗族　　　　　C. 白族　　　　　D. 藏族

二、判断题

81. （　　）守职业道德的必要性和作用，体现在促进个人道德修养的提高，与促进行风建设无关。

82. （　　）茶艺职业道德的基本准则，应包含这几方面主要内容：遵守职业道德原则，热爱茶艺工作，不断提高服务质量等。

83. （　　）真诚守信是一种社会公德，它的基本作用是提高技术水平和竞争力。

84. （　　）六大茶类齐全于明代。

85. （　　）茶艺的主要内容是表演和欣赏。

86. （　　）红茶类属不发酵茶类，其茶叶颜色朱红，茶汤呈橙红色。

87. （　　）防止茶叶陈化变质，应避免存放时间太长，含水量过高，冷库储存和阳光直射。

88. （　　）引发茶叶变质的主要因素是温度、水分、CO_2和空气。

89. （　　）哥窑瓷胎薄质，釉层饱满，釉面显现纹片，纹片形状多样。

90. （　　）釉里红的特色是在瓷器上施金加彩，宛如钱丝万缕的金丝彩线交织，显示金碧辉煌、雍容华贵的气度。

91. （　　）竹木茶具的特点是质地透明，光泽夺目，但易破碎，易烫手。

92. （　　）茶船是用来中和茶汤，使之浓淡均匀。

93. （　　）用臭氧化或其他消毒方法，可消除自来水的氯气。

94. （　　）在茶艺演示冲泡茶叶过程中的基本程序包含：煮水、备茶、置茶、冲泡、奉茶、收具。

95. （　　）一般在冲泡乌龙茶时，第一泡浸泡1min左右将茶汤与茶分离，从第二泡的时间为75s，以此递增。

96. （   ）《茶叶卫生标准》规定茶叶中 DDT 的含量不能超过 0.2 mg/kg。

97. （   ）《红、绿茶卫生标准》规定重金属指标中，铅含量的指标为 $2×10^{-6}$。

98. （   ）冠突曲霉是砖茶中的有益霉菌。

99. （   ）当劳资关系发生纠纷时，纠纷经过仲裁解决不服的，可以向本单位劳动争议调解委员会申请调解。

100. （   ）《食品卫生法》中规定茶艺师每两年进行健康体检一次。

中级茶艺师理论模拟试卷（二）参考答案

一、选择题

1. C	2. C	3. D	4. A	5. D	6. C	7. A	8. C
9. D	10. A	11. A	12. B	13. D	14. A	15. A	16. C
17. C	18. D	19. C	20. D	21. B	22. D	23. D	24. B
25. A	26. D	27. C	28. D	29. D	30. D	31. B	32. D
33. C	34. C	35. D	36. A	37. B	38. C	39. A	40. A
41. A	42. B	43. D	44. D	45. C	46. D	47. B	48. A
49. D	50. C	51. B	52. C	53. C	54. D	55. D	56. B
57. B	58. A	59. C	60. A	61. B	62. D	63. C	64. A
65. D	66. A	67. C	68. B	69. D	70. C	71. D	72. C
73. B	74. D	75. D	76. D	77. C	78. B	79. C	80. B

二、判断

81. ×	82. √	83. ×	84. ×	85. ×	86. ×	87. ×	88. ×
89. √	90. ×	91. ×	92. ×	93. ×	94. ×	95. √	96. √
97. √	98. √	99. ×	100. ×				

主要参考文献

［1］贾红文. 茶文化概论与茶艺实训［M］. 北京：清华大学出版社，2010.

［2］花祥育. 不一样的饮品［M］. 北京：中国轻工业出版社，2018.

［3］夏涛. 制茶学［M］. 北京：中国农业出版社，2016.

［4］嘉叶. 名优绿茶鉴赏与冲泡［M］. 北京：中国轻工出版社，2009.

［5］陈林. 茶文化传播［M］. 北京：中国轻工出版社，2015.

［6］潘城. 茶席艺术［M］. 北京：中国农业工出版社，2017.

［7］王梦石. 中国茶文化教程［M］. 北京：高等教育出版社，2012.

［8］嘉叶. 名优绿茶鉴赏与冲泡［M］. 北京：中国轻工出版社，2009.

［9］王莎莎. 茶文化与茶艺［M］. 北京：北京大学出版社，2015.

［10］王岳飞. 第一次品绿茶就上手［M］. 北京：旅游教育出版社，2016.

［11］王岳飞. 茶文化与茶健康［M］. 北京：旅游教育出版社，2014.

［12］陈文华. 茶艺师［M］. 北京：中国劳动社会出版社，2004.

［13］秦梦华. 第一次品白茶就上手［M］. 北京：旅游教育出版社，2017.

［14］黄大. 第一次品红茶就上手［M］. 北京：旅游教育出版社，2017.

［15］徐明. 茶艺与茶文化［M］. 北京：中国经济出版社，2012.

［16］邵长泉. 岩韵［M］. 福建：海峡文艺出版社，2017.